高等院校教学用书

Pro/Engineer Wildfire
三维造型与虚拟装配

程 静　邢鸿雁　主编

姚涵珍　主审

国防工业出版社

·北京·

内 容 简 介

Pro/Engineer 是美国 PTC 公司开发的大型 CAD/CAM/CAE 集成软件，该软件在工业产品造型设计、机械设计、模具设计、加工制造、有限元分析、功能仿真以及关系数据库管理等方面都有着广泛的应用，是当今优秀的三维实体建模软件之一。

本书基于 Pro/Engineer Wildfire 5.0 中文版编写，选用仪表车床尾架的所有零件和典型组合体为实例，图文并茂，详细介绍每一个零件、组合体的实体造型过程，内容充实，重点突出。全书分为 Pro/Engineer Wildfire 中文版概述、二维草图绘制、基础特征造型、特征编辑、基准特征、工艺特征造型、螺纹、复杂零件实体造型、零件装配、创建工程图和曲面造型基础等 11 章，内容由浅入深，由简单到复杂，涵盖了 Pro/Engineer 三维实体造型的基本知识和实践应用。

全书是在三年的教学改革基础上，由有多年机械制图、Pro/Engineer 和 AutoCAD 教学经验的教师进行编写，专业性强，采用了手把手的教学方式，非常适合机械类人员的学习和应用。

本书可作为机械类 CAD 等级考试培训用书、计算机辅助技术应用工程师的培训教材，也可作为从事产品开发设计工作的工程设计人员、高等院校师生的参考书。

图书在版编目（CIP）数据

Pro/Engineer Wildfire 三维造型与虚拟装配/程静，邢鸿雁主编. -- 北京：国防工业出版社，2013.8

ISBN 978-7-118-09093-2

Ⅰ.①P... Ⅱ.①程...②邢... Ⅲ.①机械设计－计算机辅助设计－应用软件 Ⅳ.①TH122

中国版本图书馆 CIP 数据核字(2013)第 207556 号

※

国防工业出版社 出版发行

（北京市海淀区紫竹院南路 23 号　邮政编码 100048）

北京奥鑫印刷厂印刷

新华书店经售

*

开本 787×1092　1/16　印张 16　字数 365 千字

2013 年 8 月第 1 版第 1 次印刷　印数 1—3500 册　定价 35.00 元

（本书如有印装错误，我社负责调换）

国防书店：（010）88540777　　发行邮购：（010）88540776

发行传真：（010）88540755　　发行业务：（010）88540717

前 言

计算机和图形学技术突飞猛进的发展，使得工程设计业和制造业已经进入到了三维设计时代，并得到了广泛的应用，三维设计已经被设计人员所接受、认可。

Pro/Engineer 软件是美国参数技术公司（Parametric Technology Corporation，PTC）的重要产品，在目前的三维造型软件领域中占有着重要地位，并作为当今世界机械 CAD/CAE/CAM 领域的新标准而得到业界的认可和推广。作为高等学校和研究机构来说，该软件是进行设计的重要辅助工具。

Pro/Engineer 采用了模块方式，可以分别进行草图绘制、零件制作、装配设计、钣金设计、加工处理等，这样可以保证读者按照自己的需要进行选择使用。

我们在利用 Pro/Engineer 进行教学的实践过程中发现，如果要求学生能迅速学会和掌握 Pro/Engineer，最快捷的方式就是在学习理论的同时，引导他们读一些实例制作型的书籍，做到理论和实际相结合，突出实用性。我们希望通过教学中采用的一些实例，来引导读者掌握 Pro/Engineer 的实用技能。

本书可作为机械类 CAD 等级考试培训教学用书、计算机辅助技术应用工程师的培训教材，也可作为从事产品开发设计工作的工程设计人员、高等院校师生的参考书。更深入的专业学习，还需要读者参考这方面的专业书籍。

这是一本关于零件三维造型与虚拟装配的实例性教材，书中采用了仪表车床尾架装配体的所有零件，内容涉及到组合体、零件的三维造型，特征重定义，标准件造型，零件的虚拟装配和分解视图，创建工程图，在 AutoCAD 中进行编辑，简单曲面造型等。

本书是基于 Pro/Engineer Wildfire 5.0 中文版编写，全书共分为 11 章，主要包括：Pro/Engineer Wildfire 5.0 用户界面和三键鼠标的基本操作；草图的绘制、编辑、尺寸标注和使用几何约束；基础特征的造型方法，如拉伸、旋转、扫描和混合特征等；特征的复制、阵列、删除和编辑定义；创建基准平面、基准轴和基准点；孔特征、壳特征、筋特征、拔模特征、倒圆角特征和倒角特征；螺钉、螺母等螺纹连接件的实体造型；复杂零件的实体造型，如尾架体、齿轮等；零件装配和分解视图；创建工程图并编辑视图、标注尺寸、输出 AutoCAD 格式，曲面造型基础等。

参加本教材编写工作的有大连交通大学程静（第 3 章、第 6 章、第 7 章、第 9 章、

第 10 章），天津科技大学邢鸿雁（第 4 章、第 11 章），北京交通大学海滨学院余庆玲（第 5 章、第 8 章），代伟业（第 1 章、第 2 章）。

程静、邢鸿雁任主编。

天津科技大学的姚涵珍教授对全书做了认真的审阅，在此表示感谢。

本书参考了一些相关教材与著作，在此向有关作者致谢！

在本书的出版过程中，得到了国防工业出版社的大力支持，在此表示衷心感谢！

由于我们水平有限，书中难免有不妥之处，欢迎读者和同行提出宝贵意见。

作 者
2013 年 8 月

目　录

第1章 Pro/Engineer Wildfire 中文版概述

Pro/Engineer 是美国 PTC（Parametric Technology Corporation）公司推出的工程设计软件，简称 Pro/E，该公司于 2003 年正式发布了代号为"野火"（Wildfire）的最新版本，称为 Pro/Engineer Wildfire，中文名称为野火版。Pro/Engineer Wildfire 是 Pro/Engineer 系列中最强大、最完善的版本，它继承了 Pro/Engineer 中颇受欢迎的各项功能，同时加强了软件的易使用性和 Web 的连通性，使 Pro/Engineer 真正成为产品设计的新标准。

1.1 Pro/Engineer Wildfire 功能模块

Pro/Engineer Wildfire 的主要功能模块如图 1-1 所示。

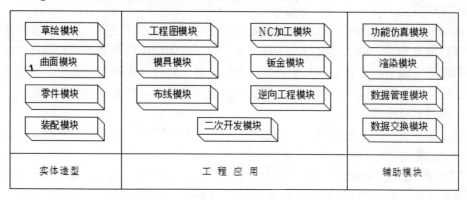

图 1-1 Pro/Engineer Wildfire 主要功能模块

以下介绍其中最常用的几个模块。

1. 草绘模块

草绘模块的主要功能是用草绘器绘制、编辑二维平面草图，绝大部分的三维模型都是通过对二维草绘截面的一系列操控而得到的。使用零件模块进行三维实体特征造型过程中，在需要进行二维草图绘制时，系统会自动切换到草绘模块。

2. 曲面模块

曲面模块用于创建各种类型的曲面特征。Pro/Engineer Wildfire 生成曲面的方法有拉伸、旋转、放样、扫描、网格、点阵等，由于生成曲面的方法较多，因此，Pro/Engineer Wildfire 可以迅速建立任何复杂曲面。曲面特征不具有厚度、质量、密度和体积等物理属性，但是通过对曲面特征进行适当的操作就可以使用曲面来围成实体特征的表面，还可以进一步把由曲面围成的模型转化为实体模型。

3. 零件模块

零件模块用于创建和编辑三维实体模型。零件模块是参数化实体造型最基本和最核

1

心的模块。利用 Pro/Engineer Wildfire 软件进行三维实体造型的过程，实际上就是使用零件模块依次进行创建各种类型特征的过程，这些特征之间可以相互独立，也可以相互之间存在一定的参考关系，例如各特征之间的父子关系等。在产品的设计过程中，特征之间的相互联系不可避免，所以对于初学者来说，最好尽量减少特征之间复杂的参考关系，这样可以方便地对某一特征进行独立的编辑和修改，而不会发生意想不到的设计错误。

4. 装配模块

装配模块是一个参数化组装管理系统，能够利用一些直观的命令把零件装配起来，同时保持设计意图。高级的装配功能支持大型复杂装配体的构造和管理，在这些装配体中，零件的数量不受限制。装配过程中，按照装配要求，用户不但可以临时修改零件的尺寸参数，还可以使用分解视图的方式来显示所有已组装零件相互之间的位置关系。

5. 工程图模块

Pro/Engineer Wildfire 软件可以通过工程图模块直接由三维实体模型生成二维工程图。系统提供的二维工程图包括一般视图、局部视图、剖视图、正投影视图等，用户可以根据零件的表达需要，灵活地选取视图类型。由于 Pro/Engineer Wildfire 是尺寸驱动的CAD 系统，在整个设计过程中，任何一处发生改动，通过再生均可以反映在整个设计过程的相关环节上。

Pro/Engineer Wildfire 软件的功能覆盖从产品设计到生产加工的全过程，能够让多个部门同时致力于同一种产品模型，还包括对大型项目的装配体管理、功能仿真、制造、数据管理等。除了以上介绍的几个最常用的模块外，软件包中还包括几十个其它模块供用户选用。如：制造模块、模具设计模块、功能仿真模块、数据管理模块、数据交换模块和二次开发模块等。

以上这些典型的功能模块，一部分属于系统的选用模块，用户在安装时可以选取使用，另一部分需要用户另外购买才能使用。

在 Pro/Engineer Wildfire 提供的各种功能中，构建三维实体模型是最基本的应用。本书将通过大量实例介绍 Pro/Engineer Wildfire 5.0 的特征造型方法，并结合组合体、零件的三维实体造型，说明使用 Pro/Engineer Wildfire 5.0 进行特征造型的实际操作方法和造型过程。

1.2　Pro/Engineer Wildfire 5.0 用户界面

用户界面是人机交互的窗口，全面掌握用户界面的基本操作能极大地提高设计效率。Pro/Engineer Wildfire 5.0 的用户界面非常友好，它采取交互式的图形界面。软件启动后，用户首先看到的就是亲切友好的视窗化图形操作基本界面，在这种交互式图形操作界面中，大部分操作可以通过菜单、工具按钮以及对话框的形式来实现。

Pro/Engineer Wildfire 5.0 用户界面由导航区、嵌入式 Web 浏览器、菜单栏、工具栏、消息区、状态栏、选择过滤器和图形窗口组成，如图 1-2 所示。

1. 主菜单

位于窗口的上部，放置系统的主要菜单。不同的模块在该区显示的菜单内容有所不同。

2

2. 标准工具栏

一些使用频繁的基本操作命令，以快捷图标按钮的形式显示在这里，用户可以根据需要设置快捷图标的显示状态。不同的模块在该区显示的快捷图标有所不同。

3. 特征工具栏

位于窗口工作区的右侧，使用频繁的特征操作命令以快捷图标按钮的形式显示在这里，用户可以根据需要设置快捷图标的显示状态。不同的模块在该区显示的快捷图标有所不同。

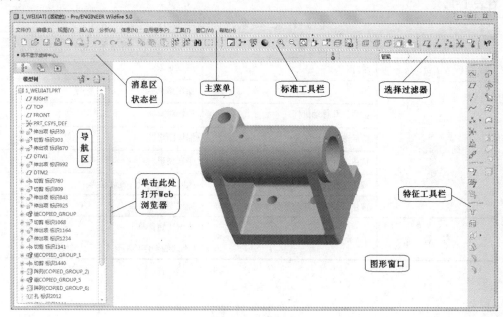

图 1-2　Pro/Engineer Wildfire 5.0 中文版用户界面

4. 导航区

位于图形窗口（工作区）的左侧。单击导航栏右侧的符号"＞"，显示导航栏，单击导航栏右侧的符号"＜"，隐藏导航栏。导航区包括"模型树"、"层树"、"文件夹浏览器"、"收藏夹"、"历史"和"连接"选项卡，单击相应选项卡按钮，打开相应的导航面板。

5. 消息区

位于图形窗口的上部，对当前窗口中的操作进行简要说明或提示，对于需要输入数据的操作，该区会出现一个文本框，供用户输入数据使用。

6. 状态栏

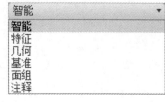

图 1-3　选择过滤器

位于图形窗口的上部，如果将光标移到菜单命令或对话框选项上，该区域将出现一行简短的说明文字。

7. 选择过滤器

位于图形窗口的右上角，使用该栏相应选项，可以有目的地选择模型中的对象，如图 1-3 所示。不同模块、不同工作阶段过滤器下拉列表中的内容有所不同。

1.3　鼠标的基本操作

在 Pro/Engineer Wildfire 中使用的鼠标必须是三键鼠标，否则许多操作不能进行。利用 Pro/Engineer Wildfire 进行设计时，使用中键带滚轮的三键鼠标的 3 个功能键可以完成不同的图形视角变换操作。将 3 个功能键与键盘上的 Ctrl 键配合使用，可以在 Pro/E 系统中进行各种针对图形的操作，使操作变得更加简单方便。三键鼠标的基本操作可参看表 1-1。

表 1-1　三键鼠标的基本操作

鼠标功能键	操　作	效　果　说　明
左　键	单击	选取对象
中键（滚轮式）	单击	操作结束
	按住，并移动鼠标	旋转对象
	前后滚动中键滚轮	缩放图形
	按住，并移动鼠标 + Shift	平移图形
	按住，并左右移动鼠标 + Ctrl	顺时针或逆时针旋转图形
	按住，并前后移动鼠标 + Ctrl	缩放图形
右　键	单击	弹出快捷菜单 （不同的操作环境有不同的快捷菜单）

练　习　题

1. 了解 Pro/Engineer Wildfire 常用模块的用途。
2. 熟悉 Pro/Engineer Wildfire 5.0 中文版用户界面的菜单和工具按钮。
3. 参看表 1-1 练习三键鼠标的基本操作。

第2章 二维草图的绘制

在 Pro/E 中进行三维造型设计时，首先需要建立零件的基本实体，然后通过加材料或减材料的方法来添加实体的特征，最后完成实体造型设计。在这个过程中，我们需要绘制二维草图，然后通过拉伸、旋转、扫描和混合来创建三维实体。由此看出，二维草图的绘制起到了非常重要的作用，它是三维实体造型的基础。

2.1 草绘工作界面

2.1.1 进入草绘模式

在 Pro/E 中进入草绘模式的方法有两种：

（1）选择主菜单中的"新建"菜单项，打开"新建"对话框，在"类型"栏中选择"草绘"，如图 2-1 所示。需要注意，如果采用这种方式进入草绘模式，则只能绘制草图，若将绘制的草图保存，可供以后在设计实体造型时调用。

（2）实体造型过程中，系统在需要时会提示用户绘制草图，这时也可以进入草绘模式，此时所绘制的草图隶属于某个特征，但用户仍然可以将这个草图存盘，供以后设计其它特征时使用。

无论以何种方式进入草绘模式，选择主菜单中的"草绘"选项，都会打开下拉菜单，如图 2-2 所示。

进入草绘模式，其草绘工作界面如图 2-3 所示。

图 2-1 "新建"对话框

图 2-2 "草绘"下拉菜单

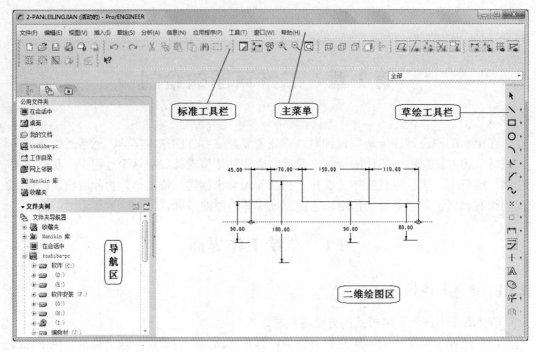

图 2-3　二维草绘工作界面

2.1.2　草绘图标工具栏

进入草绘环境后，系统会出现草绘时所需要的各种工具图标，其中常用工具图标及其功能注释，如图 2-4 所示。单击工具栏中相应按钮后面的黑色小三角，将展开 12 个子工具栏。

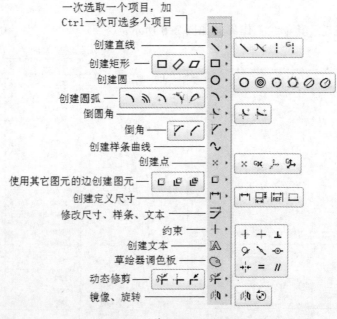

图 2-4　草绘图标工具栏

6

2.2 基本图元的绘制

2.2.1 草绘直线 ＼ ＼ ¦ ⁹⁺

（1）草绘直线。用鼠标左键单击 ＼（创建 2 点线）按钮，在绘图区内，点选直线的起点和终点，可以连续绘制出首尾相接的直线段，单击鼠标中键结束命令，也可以单击工具栏上的 ＼（选取项目）按钮结束本次绘图命令。

（2）草绘"相切线"。如果图形窗口内存在两个圆或圆弧，可以用鼠标左键单击 ▶（创建与 2 个图元相切的线）按钮，再用鼠标左键依次选择两个圆或圆弧，生成与两个圆弧相切的直线，相切的位置由选择圆弧时的鼠标单击点决定，如图 2-5 所示。

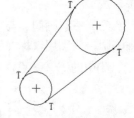

图 2-5 用"相切线"
绘制直线

（3）草绘中心线。用鼠标左键单击 ¦（创建 2 点中心线）按钮，再用鼠标左键选取起点、终止点后，即可完成中心线的绘制。若中心线是倾斜的，可标注尺寸控制中心线的角度。

（4）草绘几何中心线。用鼠标左键单击 ⁹⁺（创建 2 点几何中心线）按钮，后面操作与草绘中心线相同。

2.2.2 草绘矩形 □ ◇ ▱

（1）草绘矩形。用鼠标左键单击 □（创建矩形）按钮，在绘图区内选择矩形的两个对角点①②即可生成矩形。注意用矩形命令绘出矩形，其边一定是平行于坐标轴方向的，如图 2-6（a）所示。

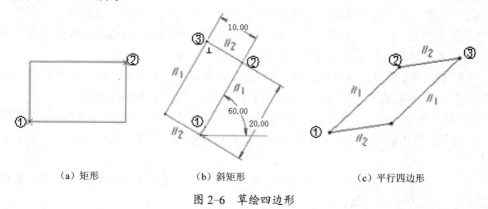

（a）矩形　　　　　（b）斜矩形　　　　　（c）平行四边形

图 2-6 草绘四边形

（2）草绘与坐标轴成任意角度的矩形。用鼠标左键单击 ◇（创建斜矩形）按钮，再用鼠标左键点取矩形一边的起点①和终点②，再点取第三点③为矩形的邻边，如图 2-6（b）所示。

（3）草绘平行四边形。用鼠标左键单击 ▱（创建平行四边形）按钮，再用鼠标左键点取第一边的起点①和终点②，再点取第三点③为平行四边形的邻边，即可完成平行四边形的绘制，如图 2-6（c）所示。

2.2.3 草绘圆 ⬭⬭⬭⬭⬭⬭

有 6 种方法绘制圆和椭圆：圆、同心圆、三点画圆、与 3 个图元相切画圆、椭圆轴上两个端点画椭圆及椭圆中心至轴端点画椭圆。下面主要介绍圆的画法。

（1）草绘圆。用鼠标左键单击 ○（通过拾取圆心和圆上一点来创建圆）按钮，再点取圆心位置①及圆周上一点②即可，如图 2-7 (a)所示。

（2）草绘同心圆。用鼠标左键单击◎（创建同心圆）按钮，点选已有的圆①，然后在合适位置点取与圆①同心的圆②和③，即可完成同心圆的绘制，按中键结束，如图 2-7(b)所示。

（3）三点画圆、与 3 个图元相切画圆、椭圆轴上两端点画椭圆及椭圆中心至轴端点画椭圆，分别用鼠标左键单击 ○ ○ ⬭ ○ 按钮，然后，分别依次点取图 2-7 (c)、(d)、(e)、(f)中的①②③点，即可完成。

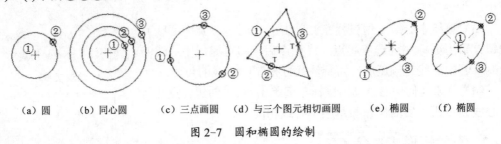

　(a) 圆　　　(b) 同心圆　　　(c) 三点画圆　　(d) 与三个图元相切画圆　　(e) 椭圆　　(f) 椭圆

图 2-7　圆和椭圆的绘制

2.2.4 草绘圆弧 ⬭⬭⬭⬭⬭

绘制圆弧有 5 种方法：三点圆弧、同心圆弧、中心与两端点圆弧、三点相切画圆弧及锥形弧。

（1）草绘三点圆弧。用鼠标左键单击 ⌒（用三点创建一个弧，或创建一个在其端点相切于图元的弧）按钮，在绘图区点选弧的起点①、终点②，再拖动鼠标使弧成为所要求的形状，点选弧上任一点③即可，如图 2-8（a）所示。

（2）草绘同心圆弧。用鼠标左键单击 ⬭（创建同心弧）按钮，在绘图区选取需要同心的弧①，再拖动鼠标，选取弧的起点②、终点③，如图 2-8（b）所示。

（3）草绘中心与两端点圆弧。用鼠标左键单击 ✛（通过选取弧圆心和端点来创建圆弧）按钮，在绘图区点取弧的圆心①，再拖动鼠标，点取弧的起点②、终点③，如图 2-8（c）所示。

（4）草绘三点相切画圆弧。用鼠标左键单击 ⬭（创建与 3 个图元相切的弧）按钮，依次点取①②③切点，如图 2-8（d）所示。

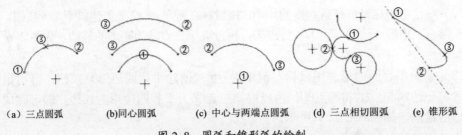

　(a) 三点圆弧　　　(b)同心圆弧　　(c) 中心与两端点圆弧　　(d) 三点相切圆弧　　(e) 锥形弧

图 2-8　圆弧和锥形弧的绘制

（5）草绘锥形弧。用鼠标左键单击 ⌒ （创建一锥形弧）按钮，在绘图区点选弧的起点①、终点②，再拖动鼠标使弧为所要求的形状，点选弧上任一点③即可，如图2-8（e）所示。

2.2.5　草绘样条曲线

用鼠标左键单击 ∿ （创建样条曲线）按钮，在绘图区依次点选样条曲线需要经过的点，如图2-9所示的①、②、③、④、⑤点，即可完成样条曲线的创建。如果第1点与最后一点重合，可绘制封闭的样条曲线，如图2-9（a）所示，也可绘制成开放的，如图2-9（b）所示。

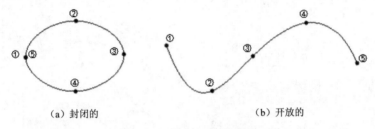

（a）封闭的　　　　　　　　　　（b）开放的

图2-9　样条曲线的绘制

2.2.6　草绘点、几何点、坐标系和几何坐标系 × ⚡× ⤻ ⤴

（1）草绘点。用鼠标左键单击 × （创建点）按钮，在绘图区选取点的位置①。

（2）草绘几何点。用鼠标左键单击 ⚡× （创建几何点）按钮，在绘图区选取点的位置②。

（3）草绘坐标系。用鼠标左键单击 ⤻ （创建坐标系）按钮，在绘图区点取坐标系中心的位置③即可。

（4）草绘几何坐标系。用鼠标左键单击 ⤴ （创建几何坐标系）按钮，在绘图区点取坐标系中心的位置④即可。

如图2-10所示。

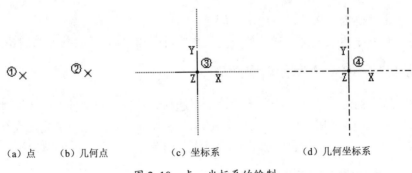

（a）点　　　（b）几何点　　　　　（c）坐标系　　　　　　（d）几何坐标系

图2-10　点、坐标系的绘制

2.2.7　在草绘环境中创建文本

用鼠标左键单击 𝔸 （创建文本，作为剖面一部分）按钮，系统提示：选择行的起点，确定文本高度和方向。在绘图区点选文本的起点①后，系统提示：选取行的第二点，确定文本高度和方向。第一点与第二点之间创建了一条构造线，该线的长度决定了文本的高度，该线的倾斜角度决定了文本的倾斜方向，点取文本的第二点②后，弹出"文本"对话框，如图 2-11 所示。

该"文本"对话框说明如下：

（1）文本输入。在"文本行"编辑框输入文本内容，如有必需的符号，可点击输入行下面的"文本符号"，从中选取所需的符号。

（2）定义字体。在该对话框的"字体"下拉列表框中进行选取（系统提供字体）。

（3）定义长宽比。使用滑动条增大或缩小文本的长宽比。

（4）定义斜角。使用滑动条增大或缩小文本的倾斜角度。

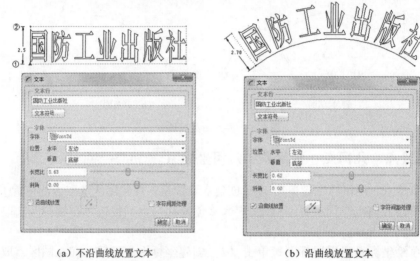

（a）不沿曲线放置文本　　　　　　　　（b）沿曲线放置文本

图 2-11　"文本"对话框

（5）沿曲线放置。单击"沿曲线放置"复选框，此时系统提示：选取要放置文本的曲线。用鼠标左键单击选取要放置文本的曲线（应事先将曲线画好），文本便沿指定的曲线放置，如图 2-11（b）所示。

（6）单击"确定"按钮，完成文本创建。

注意：如果字体反方向，可以单击"文本"对话框中的 ⫽ 按钮，以调整方向。

2.2.8　从文件系统导入草绘所需图形

进入草绘界面后，在"草绘"下拉菜单中选择"数据来自文件"→"文件系统"命令，如图 2-12 所示，将弹出一个"打开"的对话框，从中可以选取事先已经绘制并保存在磁盘上的图形文件，然后指定放置点从而将所选图形导入到当前的草绘模式中。

2.2.9　从调色板插入现有图形

在草绘过程中，除了可以从"文件系统"导入草绘所需图形外，还可以从系统提供的调色板中选择定义好的几何图形，然后将其放置在当前活动的草绘中。

要从调色板（俗称选项板）插入外部数据图形，可以在"草绘"下拉菜单中选择"数据来自文件"→"调色板"命令，参看图2-12，也可以用鼠标左键单击工具栏中的 （将调色板中的外部数据插入到活动对象）按钮，弹出如图2-13所示的"草绘器调色板"对话框。该对话框有4个基本选项卡，即"多边形"、"轮廓"、"形状"和"星形"选项卡，在这些选项卡中，列出了一些常用的多边形、型材断面以及星形等图形。

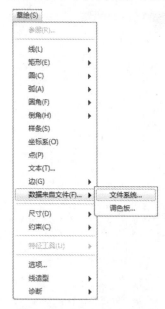

图2-12 "草绘"下拉菜单

图2-13 "草绘器调色板"对话框

例如：要在草绘截面中添加一个"工"字形的型材断面，具体操作如下：

（1）用鼠标左键单击 （将调色板中的外部数据插入到活动对象）按钮，弹出"草绘器调色板"对话框，参看图2-13。

（2）在对话框中，选取"轮廓"选项卡，双击列表中的"工字形轮廓"图形，此时"工字形轮廓"图形就显示在对话框上方的窗口中，如图2-14所示。

（3）将光标移到草绘区域中，此时光标右下角依附着一个带"＋"的小方框，在草绘区域的指定位置处单击鼠标左键，则在该处出现了要添加的"工字形轮廓"，如图2-15

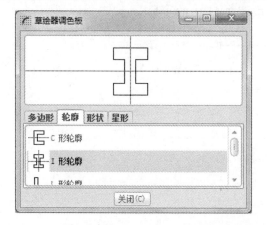

图2-14 "草绘器调色板"对话框，"轮廓"选项卡

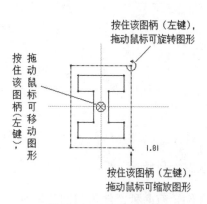

图2-15 "工字形轮廓"

11

所示，并弹出了如图 2-16 所示的"移动和调整大小"对话框。在该对话框中，可以进行相关设置（"旋转"、"缩放"），也可按图 2-15 中的提示，拖动相关图柄进行设置插入图形的位置、大小、角度，调整合适后，单击对话框中的 ✔（接受更改并关闭对话框）按钮，便在草绘区域插入了所需的图形，用户可以修改该图形的相关尺寸。

图 2-16 "移动和调整大小"对话框

2.3 草图编辑

草绘图元绘制完成之后，需要对图元进行编辑。Pro/E 提供了圆角、镜像、修剪、缩放和旋转等草图编辑方法。

2.3.1 倒圆角 ⅃⅃

圆角有两种：圆形和椭圆形圆角。

（1）圆形圆角。用鼠标左键单击 ⅃（在两图元间创建一个圆角）按钮，在绘图区分别选取需倒圆角的两直线，如点取图 2-17 中的①②。

（2）椭圆形圆角。用鼠标左键单击 ⅃（在两图元间创建一个椭圆形圆角）按钮，在绘图区分别选取需倒圆角的两直线，如点取图 2-17 中的③④。

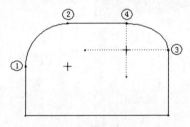

图 2-17 圆角的绘制

2.3.2 倒角 ╱╱

倒角有两种：倒角和倒角修剪。

（1）倒角。用鼠标左键单击 ╱（在两个图元之间创建倒角并创建构造线延伸）按钮，

12

在绘图区分别选取需倒角的两直线，如点取图 2-18（a）中的①②或③④。

（2）倒角修剪。用鼠标左键单击 ✓（在两个图元之间创建一个倒角）按钮，在绘图区分别选取需倒角的两直线，如点取图 2-18（b）中的①②或③④。

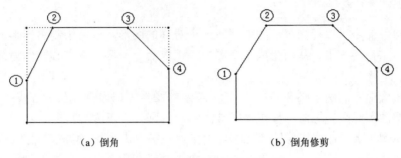

（a）倒角　　　　　　　　　　　　　　（b）倒角修剪

图 2-18　倒角及倒角修剪

2.3.3　修剪 ⚒

修剪是最重要的草绘编辑操作之一，通过修剪可以将草图中多余的线条擦除。Pro/E 提供了动态修剪、拐角修剪和点分割 3 种修剪方法，其中最常用的是动态修剪。

（1）动态修剪。用鼠标左键单击 ⚒（动态修剪剖面图元）按钮，在绘图区按住左键并移动鼠标从①滑过要删除的图元至②，此时图元变为红色，如图 2-19（b）所示，当放开鼠标左键的时候，变红色的图元即被删除，如图 2-19（c）所示，也可在③④⑤线段上分别单击鼠标左键，所点图元即被删除。如图 2-19（c）所示，单击鼠标中键，结束修剪。

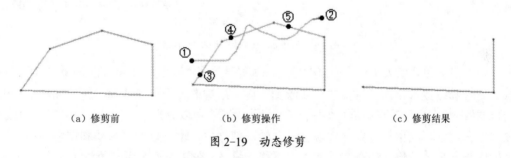

（a）修剪前　　　　　　　　　　（b）修剪操作　　　　　　　　　（c）修剪结果

图 2-19　动态修剪

（2）拐角修剪。用鼠标左键单击 ⊥（将图元修剪（剪切或延伸）到其它图元或几何）按钮，在绘图区依次选取图元的保留部位①②和③④，如图 2-20（a）所示，生成图 2-20（b），也可选择要延长的拐角图 2-20（c）中的①②，生成图 2-20（d）。

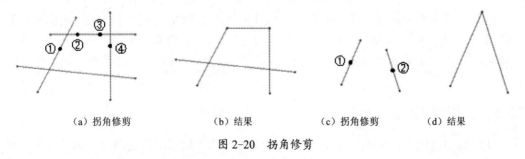

（a）拐角修剪　　　　（b）结果　　　　（c）拐角修剪　　　（d）结果

图 2-20　拐角修剪

13

（3）点分割。用鼠标左键单击 ⌐ （在选取点的位置处分割图元）按钮，在绘图区，点选需要分割的图元，图元在该点被分割开。

2.3.4　镜像 ⋔ ⟳

采用镜像命令可以提高草绘的效率。一个对称的图形，只需绘制出一半，然后使用镜像命令，获得另一半，从而生成整个图形。镜像命令需要一条中心线作为镜像操作的参照。

使用镜像命令的两个必要条件是：① 草绘的图形窗口内有一条中心线；② 应先选中需要镜像的图元，镜像命令按钮才能被激活，否则处于未激活状态。

（1）镜像。选择需要镜像的图元①，用鼠标左键单击 ⋔ （镜像选定的图元）按钮，系统提示：选取一条中心线。用鼠标左键点取中心线②后，以中心线为对称线，生成镜像图元③，如图 2-21（a）所示。

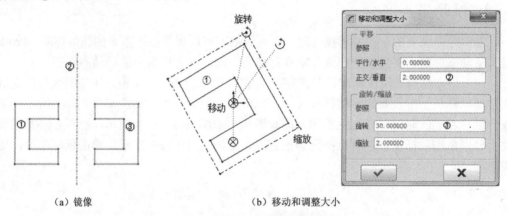

（a）镜像　　　　　　　　　（b）移动和调整大小

图 2-21　镜像、移动和调整大小

（2）移动和调整大小。选择需要移动和调整大小的图元①，用鼠标左键单击 ⟳ （平移、旋转和缩放选定图元）按钮，在绘图区内，所选图元出现虚线框包围，同时，弹出"移动和调整大小"的对话框，如图 2-21（b）所示，可以分别在"移动""旋转""缩放"处按住左键并移动鼠标，图元实现移动、转动或缩放，也可以在"移动和调整大小"对话框内输入具体数值，如在②处输入上下移动量 2，在③处输入旋转动角度 30°，单击对话框中的 ✔ （接受更改并关闭对话框）按钮，如图 2-21（b）所示。

2.3.5　图形的复制和粘贴 📋 📋

选择需要复制的图元，鼠标左键单击标准工具栏中的 📋 （复制）按钮，鼠标左键单击标准工具栏中的 📋 （粘贴）按钮，此时，光标右下角依附着一个带"＋"的小方框，在草绘区域的指定位置处单击鼠标左键，弹出"移动和调整大小"对话框，其它操作同图 2-21（b）。

2.3.6　使用边创建图元 ▫ ▱ ▱

使用边创建图元有 3 种方式："通过边创建图元"、"偏移边创建图元"和"加厚边创

14

建图元",该命令必须在已有的实体上实现。

（1）通过边创建图元。用鼠标左键单击 ▢（通过边创建图元）按钮，弹出"类型"对话框，如图 2-22（a）所示，系统提示：选取要使用的边。单击鼠标左键选取绘图区内已有实体的边，图元①，就能在草绘平面内生成与原实体边相同的图元①，如图 2-23所示。

（2）偏移边创建图元。用鼠标左键单击 ▢（通过偏移一条边或草绘图元来创建图元）按钮，弹出"类型"对话框，如图 2-22（b）所示，系统提示：选取要偏移的图元或边。在"类型"对话框中选取"单一"，再用鼠标左键选取绘图区内原始图元②，系统提示：于箭头方向输入偏距[退出]，输入偏距值 6，就能在草绘平面内生成与原始图元②形状相同，具有一定偏距值 6 的图元③，参看图 2-23 所示。

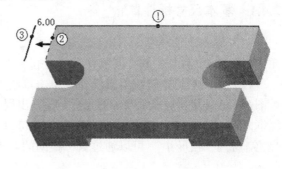

（a）　　　　　（b）

图 2-22　"类型"对话框　　　　　图 2-23　使用边创建图元

（3）加厚边创建图元。用鼠标左键单击 ▢（通过在两侧偏移边或草绘图元来创建图元）按钮，弹出"类型"对话框，如图 2-24 所示，系统提示：选取要偏移的图元或边。在"类型"对话框中，选取"链"（加厚边的选择有 3 种："单一"、"链"、"环"），选取"平整"（端封闭有"开放"、"平整"和"圆形"3 种），系统提示：通过选取曲面的两个图元或两个边或选取曲线的两个图元指定一个链。在绘图区，单击鼠标左键选取原始图元边④，按住 Ctrl 键，再选取原始图元边⑤，在弹出的"菜单管理器"中，选择"接受"，系统提示：输入厚度[-退出-]，输入厚度 3，系统继续提示：于箭头方向输入偏移[退出]，输入偏距值 9，就能在草绘平面内生成与原始图元形状相同的两条边和偏距值为 9 的封闭图元⑥，如图 2-25 所示。

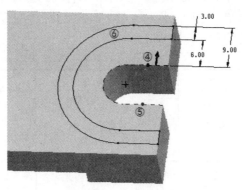

图 2-24　"类型"对话框 2　　　　　图 2-25　加厚边创建图元

2.4　尺　寸　标　注

Pro/E 系统作为参数化技术的领军软件,其显著的特色就是"参数驱动",即一旦草绘出一个图元,就同时自动生成以选定的参照为基准的尺寸约束,如此生成的尺寸称为"弱尺寸",在图形窗口内显示为灰色,这些"弱尺寸"可以大致定义图元的空间位置和形状,能大大减少用户的工作量,提高设计效率。但是"弱尺寸"往往还不能够准确地反映设计人员的设计意图,必须通过对"弱尺寸"的标注方式和尺寸值进行修改,才能准确地体现自己的设计意图。实际上,任何一个完整的草绘图形都是经过若干步骤,逐步修正、不断求精的过程才能得到的。

2.4.1　基本尺寸标注 ↦

（1）进入草绘环境,用鼠标左键单击 □（创建矩形）按钮,在绘图区,绘制一个矩形,Pro/E 会自动生成"弱尺寸",如图 2-26（a）所示。

（2）单击鼠标中键或用鼠标左键单击草绘工具栏上的 ▶（选取项目）按钮,结束绘图命令。使用鼠标左键双击弱尺寸数值,出现尺寸编辑框,如图 2-26（b）所示,在编辑框内输入要求的尺寸数值,回车之后,就可以生成要求的尺寸。这种尺寸显示为正常的亮色,称为"强尺寸",可以通过鼠标拖动的方式来调整尺寸标注的位置,如图 2-26（c）所示。

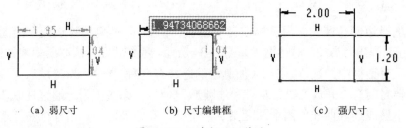

| （a）弱尺寸 | （b）尺寸编辑框 | （c）强尺寸 |

图 2-26　尺寸标注及修改

（3）如果对 Pro/E 自动标注尺寸的方式不满意,可以采取手工方式进行修改。

标注尺寸的一般过程是:首先用鼠标左键单击草绘工具栏上的 ↦（创建定义尺寸）按钮,再用鼠标左键选择（单击）标注对象（表 2-1 中黑色实心圆点处）,最后单击鼠标中键确定尺寸标注位置（表 2-1 中尺寸数字处）,即生成尺寸标注。表 2-1 给出了各类草绘图元的尺寸标注方法。

表 2-1　各类草绘图元的尺寸标注

尺寸类型	标注范例	标注说明
两点之间的距离	5.00	用鼠标左键分别单击两点,在两点连线中心附近单击鼠标中键
两点之间的坐标距离	3.00	用鼠标左键分别单击两点,在两点连线偏右或偏左处单击鼠标中键,标注竖直坐标尺寸,在两点连线偏上或偏下处单击鼠标中键,标注水平坐标尺寸

尺寸类型	标注范例	标注说明
点到直线的距离	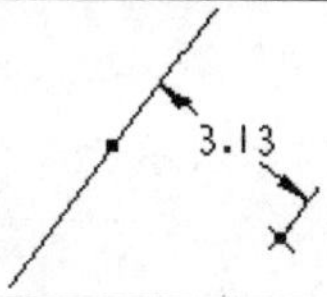 3.13	用鼠标左键分别单击点和直线,在点和直线之间单击鼠标中键
直线的长度	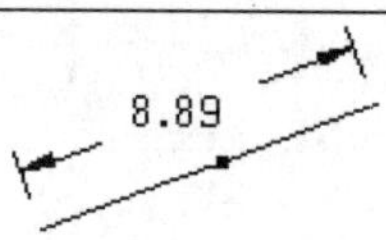 8.89	用鼠标左键单击直线的中部,然后在直线外的一侧单击鼠标中键
两条平行直线的距离	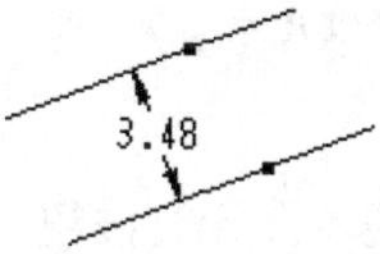 3.48	用鼠标左键分别单击两条直线,然后在两条平行直线之间,单击鼠标中键
对称尺寸标注	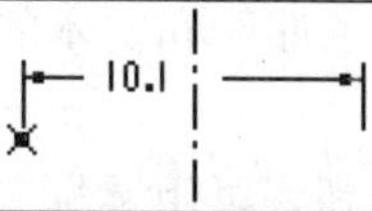 10.1	首先用鼠标左键单击点或直线,然后左键单击中心线,再次左键单击点或直线,最后在中心线附近单击鼠标中键
角度尺寸标注	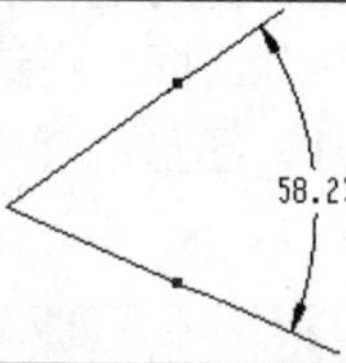 58.23	用鼠标左键分别单击相交两直线,然后在两直线夹角空白处单击鼠标中键
圆的半径	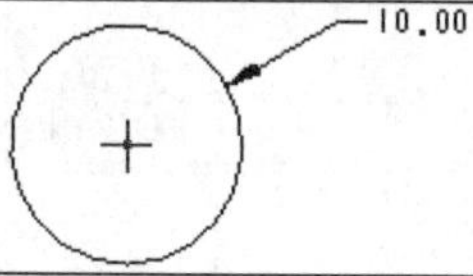 10.00	用鼠标左键单击圆,在圆周外侧单击鼠标中键
圆的直径	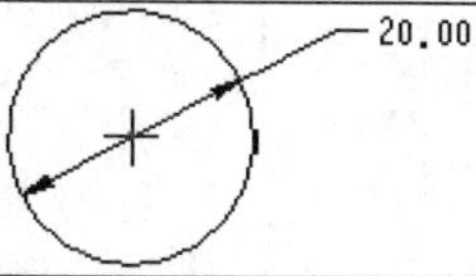 20.00	用鼠标左键双击圆,在圆周外侧单击鼠标中键

2.4.2　尺寸编辑 ⥇

Pro/E 5.0 中,编缉尺寸的方法有 3 种:双击尺寸法、单击右键法和工具按钮法。下面对这 3 种方法作详细的说明。

1. 双击尺寸法

在草绘图形窗口内,鼠标双击图元尺寸数值,会出现尺寸编辑框,如图 2-26（b）所示,在编辑框内输入要求的尺寸数值,回车即可改变尺寸数值,并同时驱动草绘对象发生变化。

2. 单击右键法

鼠标左键单击 ↖（选取项目）按钮,在绘图区,选择需要修改的尺寸,该尺寸呈红色选中状态,再单击鼠标右键,在弹出的快捷菜单中选择"修改"命令,如图 2-27（a）所示,弹出"修改尺寸"对话框,在该对话框的尺寸编辑框中输入目标尺寸,单击对话框中的 ✔（再生剖面然后关闭对话框）按钮,即可完成尺寸的修改,如图 2-27（b）所示。

17

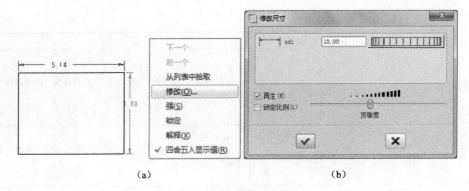

(a)   (b)

图 2-27　单击右键法修改尺寸

3. 工具按钮法

鼠标左键单击 ⥱ （修改尺寸值、样条几何或文本图元）按钮，该命令可以提供更灵活多样的手段来修改图元尺寸，且同时具备编辑样条曲线和文本的功能。

具体操作：

（1）选择需要修改的尺寸（鼠标左键单击 ⬉ 按钮，再用鼠标左键点拉所要修改的全部尺寸），鼠标左键单击 ⥱ 按钮，弹出"修改尺寸"对话框，在该对话框中，去掉"再生（R）"前面的 ☑（若不去掉√，则每修改一个尺寸，图形就会变形，在修改多个尺寸的情况下，这点特别重要），如图 2-28 所示。

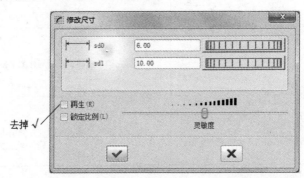

图 2-28　去掉"再生（R）" 前面的 √

（2）在该对话框的尺寸编辑框中输入正确的尺寸数值，所有尺寸输入完成后，再选中"再生（R）"前面的 ☑（驱动所绘图形发生改变），单击对话框中的 ✔（再生剖面然后关闭对话框）按钮，完成尺寸修改。

2.4.3　干涉尺寸的解决措施

Pro/E 中的草图是全约束草图，即所有的尺寸正好把图形完全约束，不允许有多余的尺寸存在，如果有多余尺寸，系统会弹出"解决草绘"警告对话框，让用户解决尺寸之间的冲突问题，如图 2-29 所示。

解决办法如下：

（1）单击"解决草绘"对话框中的"撤消（U）"按钮，放弃刚才所注的尺寸，如图 2-29 带框的尺寸 2.60 放弃。

18

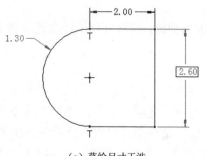
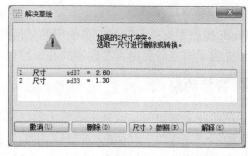

（a）草绘尺寸干涉   （b）"解决草绘"对话框

图 2-29 草绘尺寸干涉和"解决草绘"对话框

（2）加亮选中"解决草绘"对话框中的第二行尺寸（1.30），然后单击"删除（D）"
按钮，即把半径标注删除，如图 2-30 所示。

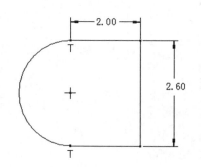
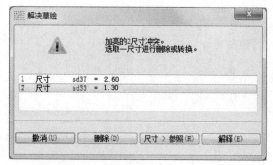

图 2-30 在"解决草绘"对话框中，用删除（D）解决草绘尺寸干涉问题

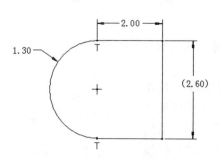
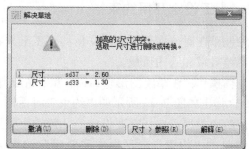

图 2-31 在"解决草绘"对话框中，用尺寸＞参照（R）解决草绘尺寸干涉问题

（3）加亮选中"解决草绘"对话框中的第一行尺寸 2.60，然后单击尺寸＞参照（R）
按钮，即把 2.60 变为参照尺寸，如图 2-31 所示，参照尺寸不能修改，当与参照尺寸（2.60）
同处一个尺寸链上的尺寸（如半径 1.30）发生变化时，参照尺寸也随之发生相应的变化。

2.5 几 何 约 束

一个确定的草图必须有充足的约束，约束分尺寸约束和几何约束两种类型，尺寸约
束是指控制草图大小的参数化驱动尺寸；几何约束是指控制草图中几何图元的定位方向
及几何图元之间的相互关系。在工作界面中，尺寸约束显示为参数符号或数字，几何约

19

束显示为字母符号。

Pro/E 提供了支持智能设定草绘中的几何约束和捕捉，非常有利于提高设计效率，此外，还提供了根据需要由人工设定的几何约束。

2.5.1 智能约束

在草绘图形窗口内，选择主菜单上的"草绘"→"选项"命令，可参看图 2-2，弹出"草绘器优先选项"对话框，选择其中的"约束"选项卡，可以看到系统提供的各类几何约束和捕捉功能，如图 2-32 所示。在默认情况下，系统提供的这些功能是开启的。

图 2-32 "草绘器优先选项"对话框

2.5.2 人工设定几何约束

绘制草图时，应善于利用几何约束工具来建立几何图元之间的约束关系，这样可以提高草绘效率和绘图质量。

具体操作：在草绘图形窗口内，鼠标左键单击 ┼▸ 按钮中的 ▸，弹出如图 2-33 所示的"约束"对话框，其中包括各种几何约束类型。选择需要设定的几何约束类型（即：用鼠标左键单击"约束"对话框中需要设定约束类型的图标按钮），然后在草绘图形窗口内，点选草绘图元对象，就可以在这些草绘图元对象之间生成相应的几何约束。

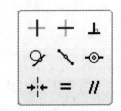

图 2-33 "约束"对话框

表 2-2 列出了 Pro/E 5.0 提供的各种几何约束类型、操作范例和说明，该表中的黑色的实心圆点表示鼠标左键单击点的位置。

表 2-2 各类草绘图元的几何约束

约束类型	操作按钮	操作 范 例			说 明
竖直	┼		→	Ｖ	使直线竖直

约束类型	操作按钮	操作范例	说明
水平	┼		使直线水平
垂直	⊥		使两条直线互相垂直
相切			使两图元相切
中点			使点或端点位于直线中点
重合			使两条直线的端点重合 使两条直线共线 使端点位于直线上
对称			使两图元相对于中心线对称 1、2、3（或1、3、2） 表示鼠标单击顺序
相等	＝		使两条直线等长 使两个圆等半径
平行	∥		使两条直线平行

2.6 草绘实例

在草绘中熟练地、合理地使用几何约束功能，将会达到事半功倍的效果。本节将通过一些具体实例来帮助读者完成草绘训练。

下面对草绘要点进行简要提示：

（1）使用镜像命令，可简化工作量。镜像命令需要对称中心线，应首先绘制对称中心线。

（2）在草绘直线、圆等过程中，单击鼠标中键结束当前命令，并进入选取状态。

（3）在尺寸数值上按住鼠标左键，并移动鼠标，可拖移标注尺寸的位置，在尺寸数值上双击鼠标左键，可编辑尺寸值。

（4）在绘制复杂草图时经常使用结构线作为辅助线。具体操作方法为：选中草绘图线，然后单击鼠标右键，在弹出的快捷菜单中选择"构建"命令，即可将选中的图线变成结构线。

2.6.1 实例1

草绘如图 2-34 所示的图形。

绘图步骤如下：

（1）新建文件。

单击标准工具栏中的 □（创建新对象）按钮，弹出"新建"对话框，在"类型"栏中，选择"草绘"，在名称文本框中输入"t2-34"，单击该对话框中的"确定"按钮。

（2）绘制中心线。

单击草绘工具栏中的 ┆（创建 2 点中心线）按钮，绘制如图 2-35 所示的 6 条中心线：①、②、③、④、⑤、⑥，其中⑤和⑥两中心线平行，并对中心线进行尺寸标注。

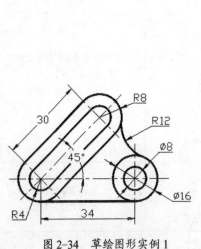

图 2-34 草绘图形实例 1

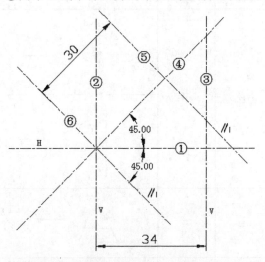

图 2-35 绘制中心线及标注圆心定位尺寸

（3）绘制圆并标注圆的尺寸。

单击草绘工具栏中的 ○（通过拾取圆心和圆上一点来创建圆）按钮，绘制如图 2-36

（a）所示的 6 个圆，其中 3 个大圆和 3 个小圆的半径分别相等，在绘图过程中应注意使用"相等"约束（显示约束符号 3 个大圆为"R1"、3 个小圆为 R2）绘制。

小圆的直径为 8，大圆的直径为 16，如图 2-36（a）所示。

（4）绘制相切直线并删除多余线。

单击草绘工具栏中的 ↘（创建与 2 个图元相切的线）按钮，绘制如图 2-36（b）所示的 5 条切线。

单击草绘工具栏中的 ⊬（动态修剪剖面图元）按钮，删除多余的曲线，如图 2-36（c）所示，标注"×"为删除曲线，得到如图 2-36（d）所示的效果。

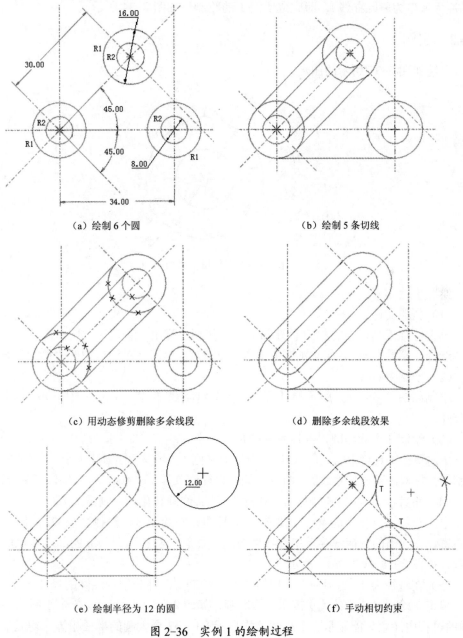

（a）绘制 6 个圆　　　　　　　　　　　（b）绘制 5 条切线

（c）用动态修剪删除多余线段　　　　　　（d）删除多余线段效果

（e）绘制半径为 12 的圆　　　　　　　　（f）手动相切约束

图 2-36　实例 1 的绘制过程

23

（5）绘制相切圆并删除多余线。

单击草绘工具栏中的 ⭕（通过拾取圆心和圆上一点来创建圆）按钮，绘制圆，该圆半径为 12。注意：在绘制圆的过程中，不要让圆与其它图元产生自动约束，即绘制过程中不要出现自动约束符号（因为多余的约束对刚绘制的圆，标注尺寸会产生干涉），如图 2-36（e）所示。

单击工具栏中的 ⭕（使两图元相切）按钮，手动添加圆与圆之间的相切约束，添加完成后，图中会出现相切符号 T，如图 2-36（f）所示。

最后按图 2-36（f）所示,用动态修剪工具 ✦（动态修剪剖面图元）删除多余的线段（标注"×"为删除曲线），即完成实例 1 的绘制，如图 2-34 所示。

2.6.2 实例 2

草绘如图 2-37 所示的图形。

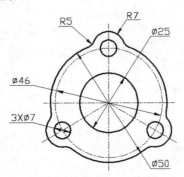

图 2-37 草绘图形实例 2

绘图步骤如下：

（1）新建文件。

单击标准工具栏中的 ▯（创建新对象）按钮，弹出"新建"对话框，在"类型"栏中，选择"草绘"，在名称文本框中输入"t2-37"，单击该对话框中的"确定"按钮。

（2）绘制中心线。

绘制如图 2-38（a）所示的 4 条中心线：①、②、③、④，并对所画中心线进行尺寸标注。

（3）绘制 3 个同心圆，并标注圆的尺寸。

单击草绘工具栏中的 ⭕（通过拾取圆心和圆上一点来创建圆）按钮，绘制 3 个圆，分别用鼠标双击直径尺寸数值，将 3 个圆的直径修改为 25、46、50，如图 2-38（b）所示。

（4）将直径为 46 的圆转化为"构建"（即实线圆转化为点画线圆）。

单击草绘工具栏中的 ▨（选取项目）按钮，在绘图区，选择直径 46 的圆，单击鼠标右键；在弹出的快捷键菜单中选择"构建"命令，这样，直径 46 的圆就转化成为构造线圆，如图 2-38（c）、（d）所示。

（5）在直径为 46 的圆周上（构造线圆）绘制圆，并分别标注圆的尺寸。

单击草绘工具栏中的 ⭕ 按钮，绘制圆，如图 2-38（e）所示，3 个小圆的半径相等（画的过程中注意只能显示 3 个小圆，均显示 R1），3 个大圆的半径相等（均显示 R2）。

对小圆的"弱尺寸"双击左键，输入 7，对大圆的"弱尺寸"双击左键，输入 14。

（6）在直径为 14 和 50 圆的相交处进行圆角化，并约束相等。

单击草绘工具栏中的 ↳⁺（在两图元间创建一个圆角）按钮，绘制圆角，单击 ═ 按钮约束圆角半径相等，约束 6 个圆角的半径相等（6 个圆弧处均显示 R3）→用"双击尺寸法"修改半径为 5，如图 2-38（f）所示。

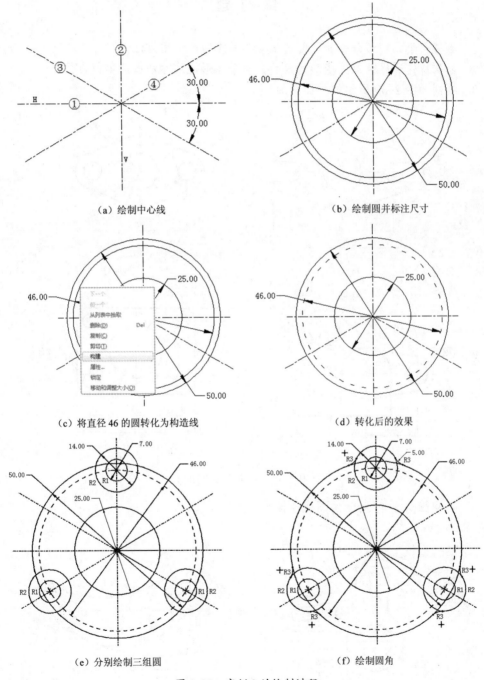

（a）绘制中心线

（b）绘制圆并标注尺寸

（c）将直径 46 的圆转化为构造线

（d）转化后的效果

（e）分别绘制三组圆

（f）绘制圆角

图 2-38　实例 2 的绘制过程

（7）删除多余的圆弧线。

单击草绘工具栏中的 ⚡ （动态修剪剖面图元）按钮，删除多余的圆弧线，即完成实例 2 的绘制，如图 2-37 所示。

练 习 题

1. 掌握草绘、编辑命令和几何约束各工具按钮的使用方法。
2. 如何标注和修改草绘图形的尺寸，复杂图形的尺寸修改应如何进行？
3. 绘制如图 2-39 所示的平面图形。

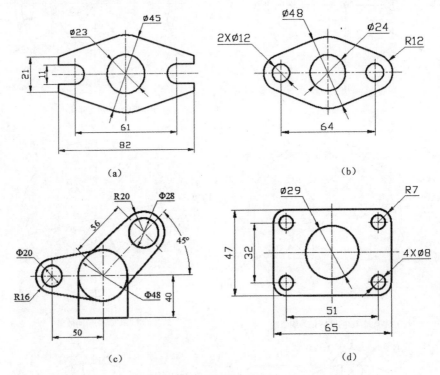

（a）   （b）

（c）   （d）

图 2-39　平面图形（1）

4. 绘制如图 2-40 所示的圆弧连接平面图形。

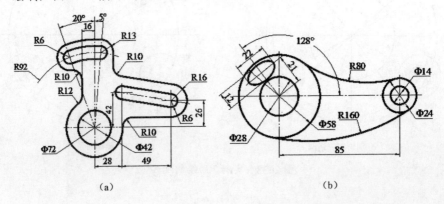

（a）   （b）

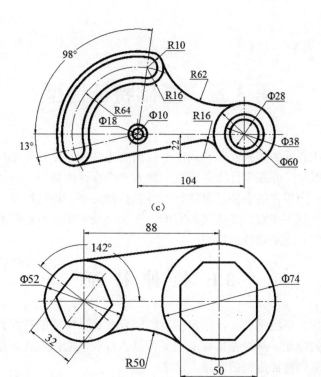

(c)

(d)

图 2-40　平面图形（2）

第 3 章　基础特征造型

特征是参数化设计的基础。在 Pro/E 中，所有零件都是由特征组成，每个特征都会改变零件的几何形状，并在零件实体模型中加入一些设计信息。

基础特征是一个零件的主要轮廓特征，包括拉伸特征、旋转特征、扫描特征和混合特征等，其工具栏位于主窗口工作区的右侧，在下拉菜单中也有相应的指令。本章将以具体的实例，分别介绍基础特征造型。

3.1　拉　伸　特　征

拉伸特征是指在草绘平面上，一定形状的闭合曲线（特征的截面）沿着垂直于草绘平面的方向生成的特征。从拉伸特征的定义可见，特征截面的形状决定了拉伸特征的形状。拉伸特征是基础特征造型的常用方法之一。

拉伸特征的建立方法如下：首先在草绘平面上绘制具有一定形状的闭合曲线，由该闭合曲线构成拉伸特征的截面，然后指定拉伸方向和深度，即可建立拉伸特征。

3.1.1　拉伸工具简介

（1）启动 Pro/Engineer Wildfire 5.0，选择主菜单中的"新建"菜单项，打开"新建"对话框，在"类型"栏中选择"零件"（系统默认），在名称文本框中输入文件名，单击"确定"按钮。

（2）单击图形窗口右侧特征工具栏中的拉伸工具 ⏢（拉伸工具）按钮，如图 3-1 所示，也可以选择主菜单中的"插入"→"拉伸"命令，弹出拉伸操控板，如图 3-2 所示。

图 3-1　"插入"下拉菜单和"拉伸"工具按钮

盲孔：自草绘平面以指定深度值拉伸截面

对称：在草绘平面每一侧上，以指定深度值的一半拉伸截面

到下一个：拉伸截面至下一曲面

穿透：拉伸截面，使之与所有曲面相交

穿至：将截面拉伸，使其与选定曲面或平面相交

到选定项：将截面拉伸至一个选定点、曲线、平面或曲面

建立实体　建立曲面　拉伸深度类型　　拉伸深度　　　拉伸方向　去除材料　建立薄壳　　　　暂停　预览　完成　退出

图 3-2　"拉伸"操控板

3.1.2　创建拉伸特征

本节以实例讲解如何在 Pro/E 中创建基础拉伸特征，然后，通过增加材料或减少（切剪）材料的方法来添加实体特征。

1. 设置工作目录

在进行设计工作之前，最好先设定用户的工作目录。Pro/E 提供了设置工作目录的功能，一旦设置好工作目录，用户所创建的文件都将存入该目录中，这样，既方便用户的文件操作，又会避免文件在管理上的麻烦。设置工作目录的步骤如下：

（1）启动 Pro/E，选择主菜单上的"文件"→"设置工作目录"命令，如图 3-3 所示，弹出"选取工作目录"对话框，如图 3-4 所示，在该对话框的"查找范围"下拉列表中选择要设置的工作目录，并在文本框的"名称"中选择工作目录，单击"确定"按钮，关闭对话框，完成工作目录的设置。

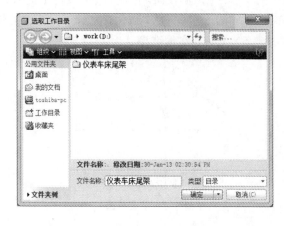

图 3-3　"文件"下拉菜单　　　　　图 3-4　"选取工作目录"对话框

（2）选择主菜单中的"新建"菜单项，打开"新建"对话框，选择需要创建的文件类型，然后，在"名称"文本框中输入新建文件的名称，最后单击"确定"按钮。

2. GB/T 1096 键 5×5×10 实体造型

（1）启动 Pro/E，设置工作目录。

（2）选择主菜单中的"新建"菜单项，打开"新建"对话框，在"类型"栏中选择"零件"（系统默认），在"名称"文本框中输入文件名：jian5-5-10，单击"确定"按钮。

（3）单击工具栏中的 ⬚（拉伸工具）按钮，弹出拉伸操控板，如图 3-2 所示，单击操控板中的"放置"按钮，弹出"放置"面板，单击该面板中的"定义"按钮，如图 3-5 所示，弹出"草绘"对话框，如图 3-6（a）所示，系统提示：选取一个平面或曲面以定义草绘平面。选择 TOP 基准面，选择 TOP 之后的"草绘"对话框，如图 3-6（b）所示。

（a）

（b）

图 3-5　"放置"面板　　　　　　　　　　图 3-6　"草绘"对话框

注意：图形窗口内 TOP 基准面的边线旁边有一个黄色箭头，该箭头方向表示查看草绘平面的方向，如果要改变箭头的方向，可以单击"草绘"对话框中的"反向"按钮，本例采用默认的方向。

（4）单击"草绘"对话框中的"草绘"按钮，系统进入草绘平面（TOP 基准面）。在草绘平面中，绘制出图 3-7 所示的草绘截面。

（5）单击工具栏中的 ✔（蓝色）按钮，在拉伸深度文本框中输入深度 5，单击操控板中的 ☑ ☞ 预览按钮，预览时，可按住中键并移动鼠标进行旋转查看，预览正确后，单击操控板中的 ✔（绿色）按钮，完成拉伸特征的创建，标准方向如图 3-8 所示，GB/T 1096 键 5×5×10 实体造型。

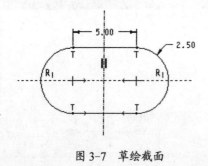

图 3-7　草绘截面

图 3-8　键实体造型

（6）单击标准工具栏中的 ▢（保存）按钮，系统弹出"保存对象"对话框，单击该对话框中的"确定"按钮，保存到设置的工作目录下。

注意：保存文件时，建议读者使用现有名称，如果要修改文件的名称，可使用"重命名"命令来实现。

3. 定位键

图 3-9 是定位键主、左视图，看懂视图，然后根据零件视图的尺寸，实体造型。

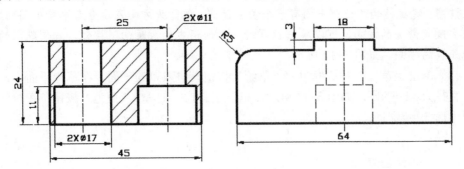

图 3-9　定位键视图

（1）选择主菜单中的"新建"菜单项，打开"新建"对话框，在"类型"栏中选择"零件"（系统默认），在"名称"文本框中输入文件名：14_dingweijian，单击"确定"。

（2）单击工具栏中的 🔲（拉伸工具）按钮，弹出拉伸操控板。单击操控板中的"放置"按钮，弹出"放置"面板，单击该面板中的"定义"按钮，弹出"草绘"对话框，系统提示：选取一个平面或曲面以定义草绘平面。选择 FRONT 基准面。单击"草绘"对话框中的"草绘"按钮，进入草绘平面（FRONT 基准面）。

（3）在草绘平面中绘制如图 3-10 所示的草绘截面 1。

注意：在草绘过程中，可以根据显示需要，随时打开或关闭 🔲 按钮（具体功能参看图 3-11）。

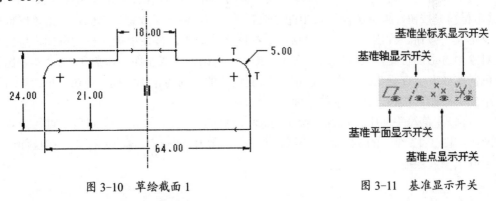

图 3-10　草绘截面 1　　　　　　　　　图 3-11　基准显示开关

（4）单击工具栏中的 ✔（蓝色）按钮，在拉伸深度类型中选择 ⊟ 对称，参看图 3-2，在拉伸深度文本框中输入深度 45。

（5）单击操控板中的 ☑ 🔍 预览按钮，可预览所创建的拉伸特征，预览时，可按住中键并移动鼠标进行旋转查看。预览正确后，单击操控板中的 ✔（绿色）按钮，完成定位键基础特征的创建。

（6）单击标准工具栏中的 🔲（模型视图列表）按钮，选择其中的标准方向或默认方向，标准方向如图 3-12 所示，还可以按住中键并移动鼠标，旋转对象。

（7）单击工具栏中的 📦（拉伸工具）按钮，弹出拉伸操控板。单击操控板中的 ▱（移出材料）按钮，再单击操控板中的"放置"按钮，弹出"放置"面板，单击该面板中的"定义"按钮，弹出"草绘"对话框，系统提示：选取一个平面或曲面以定义草绘平面。在图形窗口内，用鼠标左键单击定位键上顶平面（参看图3-12）。

注意：定位键的边框线中间有一个黄色箭头，该箭头方向表示查看草绘视图的方向，如果要改变箭头的方向，可以单击"草绘"对话框中的"反向"按钮，本例默认的方向即为正确的方向，如图3-12所示。

（8）单击"草绘"对话框中的"草绘"按钮，进入草绘平面。在草绘平面中，绘制两个直径为ϕ11的圆，如图3-13所示，单击工具栏中的 ✔（蓝色）按钮，在拉伸深度类型中选择 ╪╪穿透。

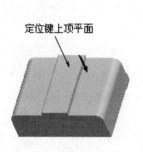

图 3-12　定位键基础特征

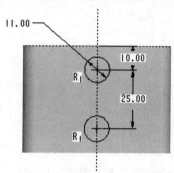

图 3-13　绘制两个直径为 ϕ 11 的圆

（9）单击操控板中的 ☑ ⊙⊙ 预览按钮，预览正确后，单击操控板中的 ✔（绿色）按钮，完成两个直径为ϕ11孔的创建。

（10）单击工具栏中的 📦（拉伸工具）按钮，弹出拉伸操控板，单击操控板中的 ▱（移出材料）按钮，再单击操控板中的"放置"按钮，弹出"放置"面板，单击该面板中的"定义"按钮，弹出"草绘"对话框。在图形窗口内，按住中键并移动鼠标，旋转特征对象至合适的位置，鼠标左键单击（选择）定位键的下底平面，如图3-14所示，出现黄色箭头（表示查看草绘平面的方向），本例默认的方向为正确方向，单击"草绘"对话框中的"草绘"按钮，进入草绘平面。

（11）在草绘平面中，鼠标左键单击 ◎（创建同心圆）按钮，绘制两个直径为ϕ17的圆，与图3-13绘制的ϕ11为同心圆，单击工具栏中的 ✔（蓝色）按钮，在拉伸深度文本框中输入深度11。

图 3-14　定位键的下底平面

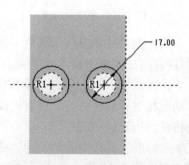

图 3-15　绘制两个ϕ17同心圆

（12）单击操控板中的 ☑ ⚙️ 预览按钮，预览正确后，单击操控板中的 ✔（绿色）按钮，完成两个直径为 $\phi 17$ 孔的创建，至此，完成定位键实体造型，可参看图3-17。

注意：在实际操作过程中，可以根据显示需要，打开或关闭标准工具栏中的 ▢ 按钮（参看图3-16和图3-17）。

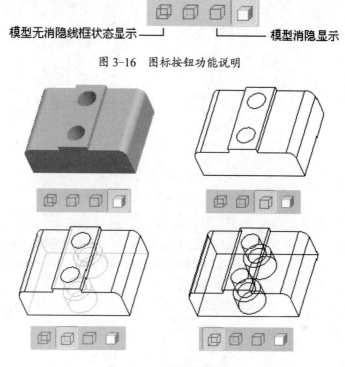

图 3-16　图标按钮功能说明

图 3-17　不同的显示效果

3.2　旋　转　特　征

旋转特征是指在草绘平面上一定形状的闭合曲线（即特征的截面）绕着一条中心线旋转一定角度而生成的特征。从旋转特征的定义可见，特征截面的形状决定了旋转特征的形状。与拉伸特征一样，旋转特征也是基础特征造型的常用方法之一。

建立旋转特征的方法如下：首先在草绘平面上绘制具有一定形状的闭合曲线，由该闭合曲线构成旋转特征的截面，并且绘制一条中心线作为特征的旋转轴线，然后指定旋转特征的角度，即可建立旋转特征。

3.2.1　旋转工具简介

（1）启动 Pro/E，选择主菜单中的"新建"菜单项，打开"新建"对话框，在"类型"栏中选择"零件"（系统默认），在名称文本框中输入文件名，单击"确定"按钮。

（2）单击图形窗口右侧特征工具栏中的 🔹（旋转工具）按钮，如图3-18所示，也可以选择主菜单中的"插入"→"旋转"命令，弹出拉伸操控板，如图3-19所示。

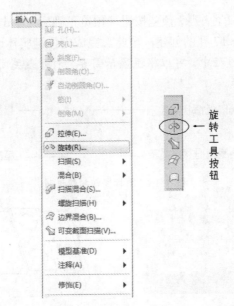

图 3-18 "插入"下拉菜单和"旋转"工具按钮

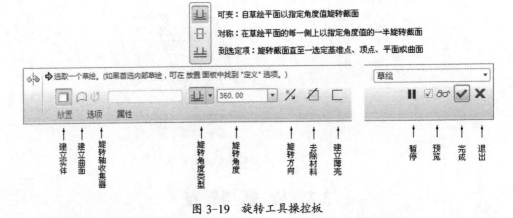

图 3-19 旋转工具操控板

3.2.2 创建旋转特征

本节以仪表车床尾架中的零件，垫圈、夹紧套和顶尖（可参看附录 2 仪表车床尾架装配图）为实例，讲解基础旋转特征的创建方法。

1. 垫圈

（1）启动 Pro/E，设置工作目录。

（2）选择主菜单中的"新建"菜单项，打开"新建"对话框，在"类型"栏中选择"零件"（系统默认），在"名称"文本框中输入文件名：8_dianquan，单击"确定"按钮。

（3）单击工具栏中的 ◇◇ （旋转工具）按钮，弹出旋转操控板，如图 3-19 所示。单击操控板中的"放置"按钮，弹出"放置"面板，单击该面板中的"定义"按钮，弹出"草绘"对话框，系统提示：选取一个平面或曲面以定义草绘平面。选择 TOP 基准面，单击"草绘"对话框中的"草绘"按钮，进入草绘平面（TOP 基准面）。

（4）在草绘平面中，绘制如图 3-20 所示的草绘截面。

注意：使用 ⌐¦（创建 2 点几何中心线）命令绘制中心线。

（5）单击工具栏中的 ✔（蓝色）按钮，单击操控板中的 ☑ ☞（预览）按钮，预览时，可按住中键并移动鼠标进行旋转查看。预览正确后，单击操控板中的 ✔（绿色）按钮，完成旋转特征的创建，单击标准工具栏中的 ⌐.（模型视图列表）按钮，选择其中的标准方向或默认方向，如图 3-21 所示。

（6）单击标准工具栏中的 🖫（保存）按钮，系统弹出"保存对象"对话框，单击该对话框中的"确定"按钮，保存到设置的工作目录下。

2. 夹紧套

（1）选择主菜单中的"新建"菜单项，打开"新建"对话框，在"类型"栏中选择"零件"（系统默认），在"名称"文本框中输入文件名：11_jiajintao，单击"确定"按钮。

（2）单击工具栏中的 ✂（旋转工具）按钮，弹出旋转操控板，如图 3-19 所示。单击操控板中的"放置"按钮，弹出"放置"面板，单击该面板中的"定义"按钮，弹出"草绘"对话框，系统提示：选取一个平面或曲面以定义草绘平面。选择 TOP 基准面，单击"草绘"对话框中的"草绘"按钮，进入草绘平面（TOP 基准面）。

（3）在草绘平面中，绘制如图 3-22 所示的草绘截面。

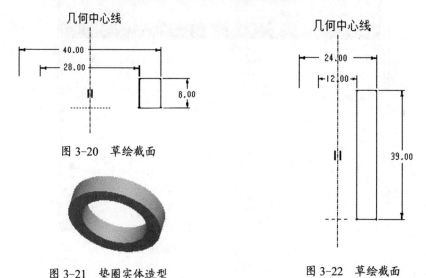

图 3-20 草绘截面

图 3-21 垫圈实体造型   图 3-22 草绘截面

注意：使用 ⌐¦（创建 2 点几何中心线）命令绘制中心线。

（4）单击工具栏中的 ✔（蓝色）按钮，单击操控板中的 ☑ ☞（预览）按钮，预览时，可按住中键并移动鼠标进行旋转查看。预览正确后，单击操控板中的 ✔（绿色）按钮，标准方向，如图 3-23 所示。

（5）单击标准工具栏中的 🖫（保存）按钮，系统弹出"保存对象"对话框，单击该对话框中的"确定"按钮，保存到设置的工作目录下。

（6）保存副本：用于保存文件副本，或另存为其它文件格式。

选取"文件"→"保存副本"命令，如图 3-24 所示，弹出"保存副本"对话框，如图 3-25 所示。在该对话框的"类型"栏中，可以选取要保存的文件类型，用户可以将文

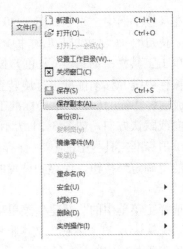

图 3-23　夹紧套实体造型　　　　　　　　图 3-24　"文件"下拉菜单

件另存为其它 CAD 系统的文件格式，因此，这实际上是 Pro/E 系统与其它 CAD 系统的一个文件格式接口，可以实现多个系统的文件转换操作。

图 3-25　"保存副本"对话框

3．顶尖

（1）选择主菜单中的"新建"菜单项，打开"新建"对话框，在"类型"栏中选择"零件"（系统默认），在"名称"文本框中输入文件名：4_dingjian，单击"确定"按钮。

（2）单击工具栏中的 ⊕（旋转工具）按钮，弹出旋转操控板。单击操控板中的"放置"按钮，弹出"放置"面板，单击该面板中的"定义"按钮，弹出"草绘"对话框。选择 TOP 基准面，单击"草绘"对话框中的"草绘"按钮，进入草绘平面（TOP 基准面）。

（3）在草绘平面中，绘制如图 3-26 所示的草绘截面。

（4）单击工具栏中的 ✔（蓝色）按钮，单击操控板中的 ☑ 66°（预览）按钮，预览时，可按住中键并移动鼠标进行旋转查看。预览正确后，单击操控板中的 ✔（绿色）按钮，标准方向，如图 3-27 所示。

36

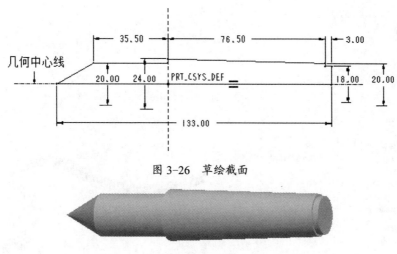

图 3-26 草绘截面

图 3-27 顶尖实体造型

（5）单击标准工具栏中的 ▣（保存）按钮，系统弹出"保存对象"对话框，单击该对话框中的"确定"按钮，保存到设置的工作目录下。

3.3 扫 描 特 征

扫描特征是指一定形状的截面沿着一条指定的轨迹线扫描而生成的特征。从扫描特征的定义可见，扫描特征的截面与轨迹线决定了扫描特征的形状。

建立扫描特征的方法如下：首先在草绘平面上绘制一条曲线，该曲线将作为扫描特征截面移动的轨迹线，然后绘制具有一定形状的特征截面，即可建立扫描特征，如图 3-28 所示。

图 3-28 扫描特征

3.3.1 扫描工具简介

（1）启动 Pro/E，选择主菜单中的"新建"菜单项，打开"新建"对话框，在"类型"栏中选择"零件"（系统默认），在名称文本框中输入文件名，单击"确定"按钮。

（2）创建扫描特征的方法：鼠标左键单击（选择）主菜单中的"插入"→"扫描"→"伸出项"命令，如图 3-29 所示。

3.3.2 创建扫描特征

本节介绍如何创建在工厂车间里常见的工字钢轨道（图 3-30），如何创建螺旋扫描特征——圆柱螺旋弹簧。

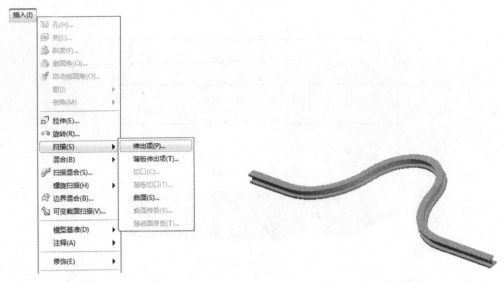

图 3-29 "插入"下拉菜单　　　　　　　　　图 3-30　工字钢轨道

1. 工字钢轨道

（1）单击标准工具栏中的 □（创建新对象）按钮 → 弹出"新建"对话框，在该对话框的"名称"文本框中输入："t3-30"→"确定"。

（2）鼠标左键单击（选择）主菜单中的"插入"→"扫描"→"伸出项"命令，弹出"伸出项：扫描"对话框和"菜单管理器"，如图 3-31 所示，选择"草绘轨迹"，系统提示：选取或创建一个草绘平面。选取 TOP 基准面，系统提示：选取查看草绘平面的方向。→"确定"（默认方向），弹出"草绘视图"菜单，并提示：为草绘选取或创建一个水平或垂直的参照。→"缺省"，进入草绘平面（TOP 基准面）。

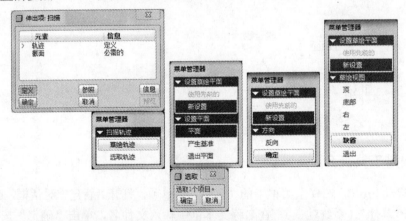

图 3-31　"伸出项：扫描"对话框和"菜单管理器"

（3）绘制如图 3-32 所示的扫描轨迹线。

（4）单击工具栏中的 ✔（蓝色）按钮，完成草绘扫描轨迹曲线。系统提示：现在草绘横截面。绘制如图 3-33 所示的草绘横截面，单击工具栏中的 ✔（蓝色）按钮，系统提示：所有元素已定义，请从对话框中选取元素或动作。单击"伸出项：扫描"对话框的"确定"按钮，完成扫描特征（图 3-34）。

38

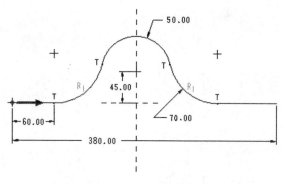

图 3-32 扫描轨迹线

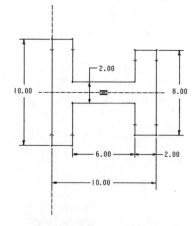

图 3-33 扫描截面

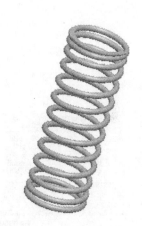

图 3-34 圆柱螺旋弹簧

注意：扫描与拉伸的区别在于——拉伸特征是草绘截面沿着垂直于草绘平面的方向作直线运动形成的，而扫描特征是草绘截面沿着一条曲线（轨迹线）运动形成的。

建立扫描特征时，需要两次草绘，首先草绘轨迹曲线，完成后自动转到垂直于轨迹起始点的视图中草绘截面。

2. 圆柱螺旋弹簧

（1）单击标准工具栏中的 □（创建新对象）按钮 → 弹出"新建"对话框，在该对话框的"名称"文本框中输入："t3-34" → "确定"。

（2）选择主菜单中的"插入" → "螺旋扫描" → "伸出项"命令，如图 3-35 所示，弹出"伸出项：螺旋扫描"对话框和"菜单管理器"，如图 3-36 所示，依次选择"常数" → "穿过轴" → "右手定则" → "完成"选项，系统提示：选取或创建一个草绘平面。选择 FRONT 基准面 → 系统提示：选取查看草绘平面的方向。→ "确定"（默认方向），弹出"草绘视图"菜单，并提示：为草绘选取或创建一个水平或垂直的参照。→ "缺省"，进入草绘平面（FRONT 基准面）。

（3）在草绘平面中，绘制螺旋扫描轨迹线，如图 3-37 所示。

注意：首先选取 ┋（创建 2 点中心线）命令绘制中心线，然后选取 ＼（创建 2 点线）命令绘制直线，共绘制 3 条直线，绘制顺序为 AB、BC、CD，标注尺寸，并按照图 3-37 修改完成。

图 3-35 "插入"下拉菜单

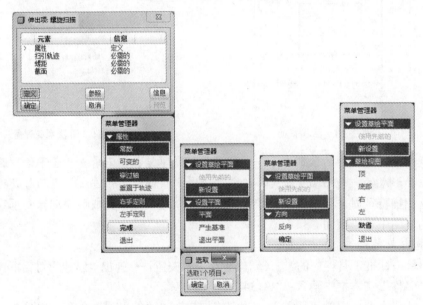

图 3-36 "伸出项：螺旋扫描"对话框和菜单管理器

（4）单击工具栏中的 ✔（蓝色）按钮，系统提示：输入节距值，在编辑框中输入 3（弹簧有效圈的节距为 3），系统提示：现在草绘横截面。

（5）单击工具栏中的 **O**（通过拾取圆心和圆上一点来创建圆）按钮，绘制扫描截面，并标注、修改尺寸，如图 3-38 所示。单击工具栏中的 ✔（蓝色）按钮，系统提示：所有元素已定义，请从对话框中选取元素或动作，单击 "伸出项：螺旋扫描"对话框中的"确定"按钮，创建的弹簧实体如图 3-39 所示。

（6）在导航区选择"伸出项"→单击鼠标右键 → 编辑定义，如图 3-40 所示，弹出"伸出项：螺旋扫描"对话框。选择该对话框中的"属性"选项（加亮显示），如图 3-41 所示，单击对话框中的"定义"按钮，在弹出的"菜单管理器"中，依次选择"可变的"

40

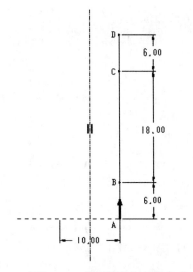

图 3-37 绘制螺旋扫描轨迹线

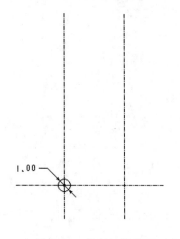

图 3-38 绘制扫描截面

图 3-39 螺旋弹簧实体

图 3-40 在导航区选择"伸出项"

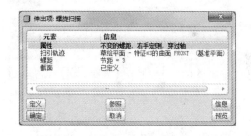

图 3-41 选择"属性"选项

→"穿过轴"→"右手定则"→"完成",系统提示:在轨迹起始输入节距值,在编辑框中输入 0.5(弹簧支承圈的节距为 0.5),系统继续提示:在轨迹末端输入节距值,在编辑框中输入 0.5,弹出如图 3-42 所示的"PITCH_GRAPH"对话框。同时,弹出"菜单管理器",系统提示:从轮廓截面中选取一点或图元端点,在图形窗口内,鼠标单击 B 点(参看图 3-37),系统提示:输入节距值,在编辑框中输入 3,继续提示:从轮廓截面中选取一点或图元端点。在图形窗口内,鼠标单击 C 点(参看图 3-37),继续提示:输入节距值,在编辑框中输入 3,对话框中的图形变成如图 3-43 所示。依次单击"菜单管理器"中的"完成/返回"→"完成"→ 单击"伸出项:螺旋扫描"对话框中的"确定"按钮,结果如图 3-44 所示。

(7)单击工具栏中的 ⬚(拉伸工具)按钮,弹出拉伸操控板。单击操控板中的 ⟋(移出材料)按钮,再单击操控板中的"放置"按钮,弹出"放置"面板,单击该面板中的

41

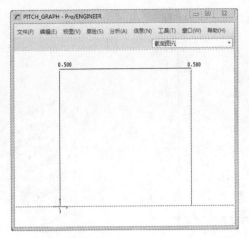

图 3-42 "PITCH_GRAPH" 对话框 1

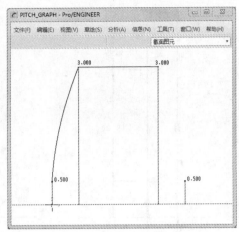

图 3-43 "PITCH_GRAPH" 对话框 2

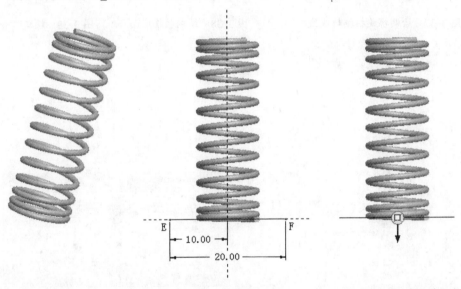

图 3-44 两端并紧   图 3-45 绘制水平线 EF   图 3-46 切剪材料方向

"定义"按钮,弹出"草绘"对话框。选择 FRONT 基准面,单击"草绘"对话框中的"草绘"按钮,进入草绘平面。单击 ◥ (创建 2 点线)按钮,绘制一条水平线 EF,如图 3-45 所示。单击工具栏中的 ✔ (蓝色)按钮,出现黄色箭头,表示切剪材料的方向,朝向弹簧外侧为正确,如图 3-46 所示,若朝向弹簧内侧,则单击操控板中的 ⬥ 按钮,改变方向。在拉伸深度类型中选择 ⊟ (对称),在拉伸深度文本框中输入 12(大于 12 即可),单击操控板中的 ☑ ∞ (预览)按钮,预览正确后,单击操控板中的 ✔ (绿色)按钮,完成一侧切剪,如图 3-47 所示。

(8)单击工具栏中的 ⬦ (拉伸工具)按钮,弹出拉伸操控板。单击操控板中的 ⬜ (移出材料)按钮,再单击操控板中的"放置"按钮,弹出"放置"面板,单击该面板中的"定义"按钮,弹出"草绘"对话框,选择 FRONT 基准面,单击"草绘"对话框中的"草绘"按钮,进入草绘平面。单击 ◥ (创建 2 点线)按钮,绘制一条水平线 GH,如图 3-48 所示。单击工具栏中的 ✔ (蓝色)按钮,出现黄色箭头,表示切剪材料的方向,

图 3-47　完成一侧切剪

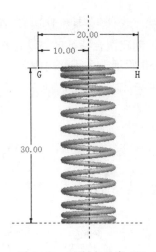

图 3-48　绘制水平线 GH

朝向弹簧外侧为正确，若朝向弹簧内侧，则单击操控板中的 按钮，改变方向。在拉伸深度类型中选择 对称，在拉伸深度文本框中输入 12（大于 12 即可）。预览正确后，单击操控板中的 （绿色）按钮，完成两侧切剪。

（9）单击标准工具栏中的 （保存）按钮，系统弹出"保存对象"对话框，单击该对话框中的"确定"按钮，保存到设置的工作目录下。至此，两端并紧磨平的圆柱螺旋弹簧创建完成，参看图 3-34。

3.4　混　合　特　征

混合特征是指利用两个以上具有一定形状的截面，通过一定的方式连接在一起而生成的特征。从混合特征的定义可见，混合特征的截面与连接方式决定了混合特征的形状，并且混合特征至少需要两个截面。

建立混合特征的方法如下：首先确定混合特征各个截面之间的连接方式，然后在草绘平面上绘制各个截面，最后指定截面之间的距离，即可建立混合特征。此外，相邻截面之间的过渡还有平直过渡与平滑过渡两种类型，如图 3-49 所示。

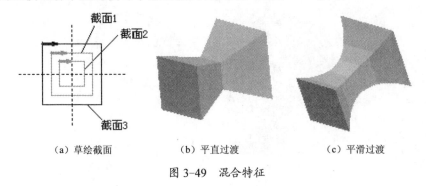

（a）草绘截面　　　　（b）平直过渡　　　　（c）平滑过渡

图 3-49　混合特征

3.4.1　混合工具简介

（1）启动 Pro/E，选择主菜单中的"新建"菜单项，打开"新建"对话框，在"类型"

43

栏中选择"零件"（系统默认），在名称文本框中输入文件名，单击"确定"按钮。

（2）创建混合特征的方法：选择主菜单中的"插入"→"混合"→"伸出项"命令，如图 3-50 所示，系统弹出图 3-51 所示的"菜单管理器"。

图 3-50　"插入"下拉菜单

图 3-51　"菜单管理器"

混合特征的类型有以下几种：

① 平行。该选项将混合特征的各个截面设置为相互平行。

② 旋转。选择该选项，则混合特征的各个截面之间旋转一定的角度。

③ 一般。该选项将混合特征的各个截面，在三维空间中设置成一定角度。

3.4.2　创建混合特征

本节介绍如何创建图 3-52 所示的水杯，学习混合工具的使用，复习前面使用过的旋转工具。

（1）单击标准工具栏中的 ▯（创建新对象）按钮，弹出"新建"对话框，在该对话框的"名称"文本框中输入："t3-52"，选择"确定"。

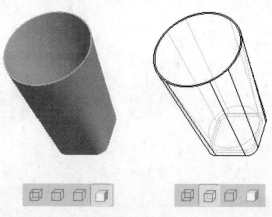

图 3-52　水杯

44

（2）选择主菜单中的"插入"→"混合"→"伸出项"命令（图 3-50），弹出"菜单管理器"，参看图 3-51，依次选择"平行"→"规则截面"→"草绘截面"→"完成"命令，弹出"伸出项：混合，平行，规则截面"对话框和"菜单管理器"。选择"直"→"完成"命令，系统提示：选取或创建一个草绘平面。选择 TOP 基准面，系统提示：箭头指示特征创建的方向，选取反向或确定。选择"确定"（默认方向），弹出"草绘视图"菜单，并提示：为草绘选取或创建一个水平或垂直的参照。选择"缺省"，进入草绘平面（TOP 基准面），"菜单管理器"如图 3-53 所示。

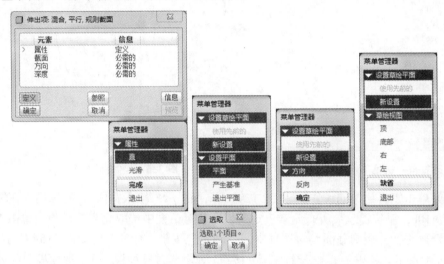

图 3-53 "伸出项：混合，平行，规则截面"对话框和"菜单管理器"

（3）选择 （创建 2 点中心线）命令，绘制互相垂直的两条中心线，再选择 （创建矩形）命令绘制矩形，修改尺寸，如图 3-54 所示。选择 （在两图元间创建一个圆角）命令绘制圆角，修改尺寸，选择 命令再绘制 4 条中心线，如图 3-55 所示的草绘截面 1。

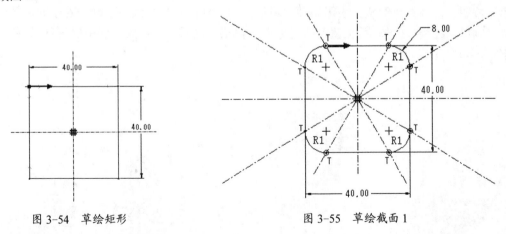

图 3-54 草绘矩形　　　　　　　　　图 3-55 草绘截面 1

（4）在图形窗口内空白处，单击鼠标右键并按住右键不放，在弹出的快捷菜单中选择"切换截面"命令，如图 3-56 所示，则刚才绘制的截面图形变成灰色。再选择 （通过拾取圆心和圆上一点来创建圆）命令，绘制如图 3-57 所示的草绘截面 2，修改尺寸后，

单击工具栏中的 （在选取点的位置处分割图元）按钮，鼠标依次单击 1 至 8 点，将圆分割成 8 段，并且两个截面的起始点要对应。

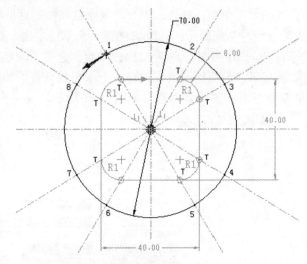

图 3-56　快捷菜单　　　　　　　　　　　　　　　　　图 3-57　草绘截面 2

（5）单击工具栏中的 ✔（蓝色）按钮，系统提示：输入截面 2 的深度：在编辑框中输入：100，系统提示：所有元素已定义，请从对话框中选取元素或动作。单击"伸出项：混合，平行，规则截面"对话框中的"确定"按钮，标准方向如图 3-58 所示。

（6）单击工具栏中的 ⊘（旋转工具）按钮，弹出旋转操控板。单击操控板中的 ⊿（移出材料）按钮，再单击操控板中的"放置"按钮，弹出"放置"面板，单击该面板中的"定义"按钮，弹出"草绘"对话框。选择 FRONT 基准面，单击"草绘"对话框中的"草绘"按钮，进入草绘平面。

（7）在草绘平面中，单击 ⌐¦（创建 2 点几何中心线）按钮，绘制中心线，再单击 ＼（创建 2 点线）按钮，绘制直线，如图 3-59 所示的草绘截面 3。单击工具栏中的 ✔（蓝色）按钮，出现黄色箭头，表示切剪材料的方向，朝向水杯内侧为正确，若朝向水杯外侧，则单击操控板中的 ⁒ 按钮，改变方向。预览正确后，单击操控板中的 ✔（绿色）按钮，如图 3-60 所示。

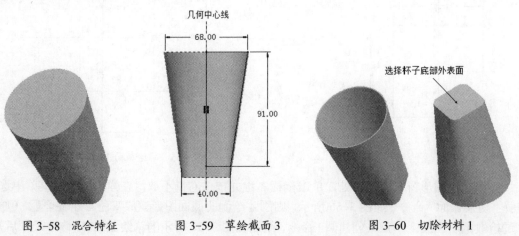

图 3-58　混合特征　　　　　图 3-59　草绘截面 3　　　　　图 3-60　切除材料 1

46

（8）单击工具栏中的 （拉伸工具）按钮，弹出拉伸操控板。单击操控板中的 ⬚（移出材料）按钮，再单击操控板中的"放置"按钮，弹出"放置"面板，单击该面板中的"定义"按钮，弹出"草绘"对话框。选择杯子底部外表面（参看图3-60），单击"草绘"对话框中的"草绘"按钮，进入草绘平面。

（9）在草绘平面中，绘制如图3-61所示的草绘截面4，单击工具栏中的 ✔（蓝色）按钮，出现黄色箭头，表示切剪材料的方向，朝向水杯内侧为正确。在操控板的拉伸深度编辑框中输入3，预览正确后，单击操控板中的 ✔（绿色）按钮，如图3-62所示。

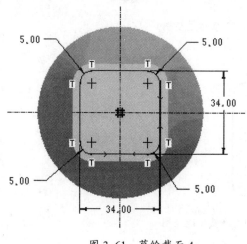

图 3-61　草绘截面 4

图 3-62　切除材料 2

练 习 题

1. 参看图 3-63，使用拉伸或旋转工具，创建 垫圈 12　GB97.1—85，文件名称：dianquan12。

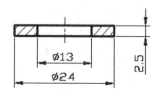

图 3-63　垫圈视图和实体造型图

2. 参看图 3-64，使用旋转工具创建 销 GB/T 119.1　4×25，文件名称：xiao4-25。

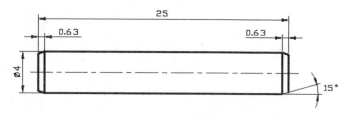

图 3-64　销视图和实体造型图

3. 参看图 3-65，使用旋转工具创建毛毡 22，文件名称：maozhan22。

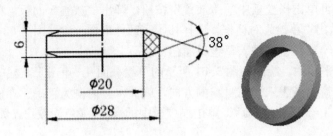

图 3-65　毛毡视图和实体造型图

4. 参看图 3-66，使用扫描工具创建圆环。

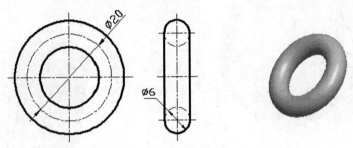

图 3-66　圆环视图和实体造型图

第4章 特征编辑

在 Pro/E 系统中，基础特征创建后，可以对其进行操作，例如特征复制、镜像、移动、旋转、阵列、删除、编辑定义等。特征编辑操作在零件设计过程中非常重要，利用这些工具能够很大程度地提高设计者的工作效率。

4.1 特 征 复 制

特征复制命令用于创建一个或多个特征的副本，Pro/E 的特征复制包括镜像复制、移动复制、旋转复制等，下面分别介绍它们的操作过程。

4.1.1 镜像复制

特征的镜像复制就是将源特征对一个平面进行镜像，从而得到源特征的一个副本。图 4-1 为组合体的三视图和实体造型图。

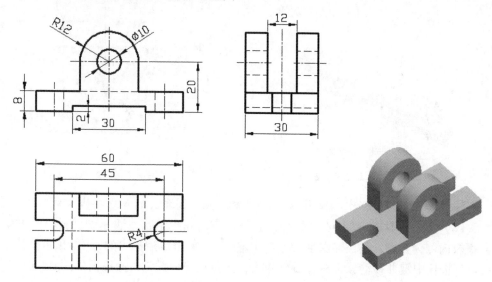

图 4-1　组合体三视图和实体造型图 1

（1）启动 Pro/E，设置工作目录。

（2）"新建" → 输入文件名称："t4-1" → "确定"。

（3）单击工具栏中的 ⬚（拉伸工具）按钮，弹出拉伸操控板。单击操控板中的"放置"按钮，弹出"放置"面板，单击该面板中的"定义"按钮，弹出"草绘"对话框。选择 TOP 基准面，单击"草绘"对话框中的"草绘"按钮，进入草绘平面。

（4）在草绘平面中，绘制如图 4-2 所示的草绘截面 1。

49

（5）单击工具栏中的 ✔（蓝色）按钮，在拉伸深度文本框中输入 8，单击操控板中的 ✅ ∞（预览）按钮，预览时，可按住中键并移动鼠标进行旋转查看。预览正确后，单击操控板中的 ✔（绿色）按钮，完成底板基础特征的创建，如图 4-3 所示。

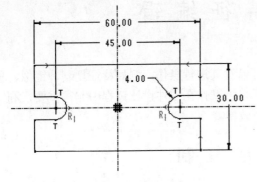

图 4-2　草绘截面 1

图 4-3　底板基础特征

（6）单击工具栏中的 ✑（拉伸工具）按钮，弹出拉伸操控板。单击操控板中的 ◿（移出材料）按钮，单击操控板中的"放置"按钮，弹出"放置"面板，单击该面板中的"定义"按钮，弹出"草绘"对话框。在图形窗口内，按住中键并移动鼠标，旋转底板，选择底板的下底平面，如图 4-4 所，单击"草绘"对话框中的"草绘"按钮，进入草绘平面。

（7）在草绘平面中，绘制如图 4-5 所示的草绘截面 2。

底板下底平面

图 4-4　选择底板下底平面

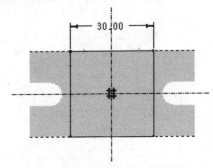

图 4-5　草绘截面 2

注意： 在草绘过程中，使用 ⊙（创建相同点、图元上的点或共线约束）约束命令。

（8）单击工具栏中的 ✔（蓝色）按钮，出现黄色箭头，表示切剪材料的方向，朝向底板内侧为正确。在拉伸深度文本框中输入 3，单击操控板中的 ✅ ∞ 预览按钮，预览时，可按住中键并移动鼠标进行旋转查看。预览正确后，单击操控板中的 ✔（绿色）按钮，如图 4-6 所示。

（9）单击工具栏中的 ✑（拉伸工具）按钮，弹出拉伸操控板。单击操控板中的"放置"按钮，弹出"放置"面板，单击该面板中的"定义"按钮，弹出"草绘"对话框，选择底板的前端平面，参看图 4-6，单击"草绘"对话框中的"草绘"按钮，进入草绘平面。

（10）在草绘平面中，绘制如图 4-7 所示的草绘截面 3。

（11）单击工具栏中的 ✔（蓝色）按钮，出现黄色箭头，表示增加材料的方向，应

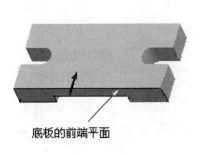

图 4-6 底板

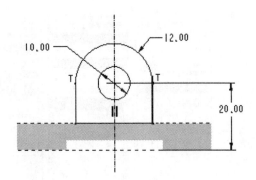

图 4-7 草绘截面 3

与图 4-6 箭头方向相同，若与图中相反，可单击操控板中的  按钮，改变方向。在拉伸深度文本框中输入深度 9 ，预览正确后，单击操控板中的 ✔ （绿色）按钮，如图 4-8 所示。

（12）选择主菜单上的"编辑"→"特征操作"命令，如图 4-9 所示。弹出"菜单管理器"，如图 4-10 所示。选取"复制"命令，弹出"复制特征"菜单，选取"镜像"→"独立"→"完成"，弹出"选取特征"菜单，系统提示：选择要镜像的特征。在图形窗口内，鼠标左键单击（选择）需要镜像的特征，参看图 4-8，选中的特征由红色线框包围（如果一次选择多个需要镜像的特征，可以按住 Ctrl 键选择）。选择菜单中的"完成"命令，系统提示：选择一个平面或创建一个基准以其作镜像。选取 FRONT 基准面，单击"菜单管理器"中的"完成"，完成镜像操作，组合体的实体造型参看图 4-1。

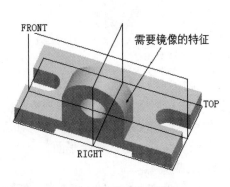

图 4-8 完成一侧

图 4-9 "编辑"下拉菜单

51

图 4-10 "菜单管理器"

（13）保存文件到指定的工作目录下。

4.1.2 移动复制

该命令是通过平移源特征来进行特征的移动复制。图 4-11 为组合体的三视图和实体造型图。

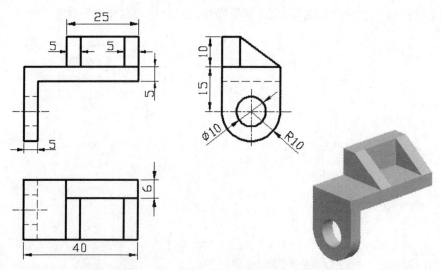

图 4-11 组合体三视图和实体造型图 2

（1）"新建"→ 输入文件名称："t4-11"→"确定"。

（2）单击工具栏中的 ⬚（拉伸工具）按钮，弹出拉伸操控板。单击操控板中的"放置"按钮，弹出"放置"面板，单击该面板中的"定义"按钮，弹出"草绘"对话框。选择 TOP 基准面，单击"草绘"对话框中的"草绘"按钮，进入草绘平面。

（3）在草绘平面中，绘制如图 4-12 所示的草绘截面 1。

（4）单击工具栏中的 ✔（蓝色）按钮，在拉伸深度文本框中输入 5。单击操控板中

的 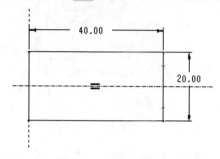（预览）按钮，预览时，可按住中键并移动鼠标进行旋转查看。预览正确后，单击操控板中的 ✔（绿色）按钮，完成基础特征的创建，如图 4-13 所示。

图 4-12　草绘截面 1

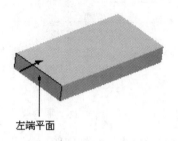

图 4-13　基础特征

（5）单击工具栏中的 📦（拉伸工具）按钮，弹出拉伸操控板。单击操控板中的"放置"按钮，弹出"放置"面板，单击该面板中的"定义"按钮，弹出"草绘"对话框。在图形窗口内，按住中键并移动鼠标旋转对象，选择基础特征的左端平面，如图 4-13 所示，单击"草绘"对话框中的"草绘"按钮，进入草绘平面。

（6）在草绘平面中，绘制如图 4-14 所示的草绘截面 2。

（7）单击工具栏中的 ✔（蓝色）按钮，在图形窗口内，按住中键并移动鼠标旋转对象，出现黄色箭头，表示增加材料的方向，应与图 4-13 箭头方向相同，若与图中相反，可单击操控板中 ╱ 按钮，改变方向。在拉伸深度文本框中输入深度 5，预览正确后，单击操控板中的 ✔（绿色）按钮，如图 4-15 所示。

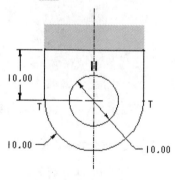

图 4-14　草绘截面 2

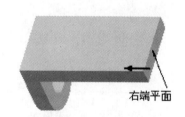

图 4-15　添加特征 1

（8）单击工具栏中的 📦（拉伸工具）按钮，弹出拉伸操控板。单击操控板中的"放置"按钮，弹出"放置"面板，单击该面板中的"定义"按钮，弹出"草绘"对话框。在图形窗口内，按住中键并移动鼠标旋转对象，选择基础特征的右端平面，如图 4-15 所示，单击"草绘"对话框中的"草绘"按钮，进入草绘平面。

（9）在草绘平面中，绘制如图 4-16 所示的草绘截面 3。

（10）单击工具栏中的 ✔（蓝色）按钮，在图形窗口内，按住中键并移动鼠标旋转对象，出现黄色箭头，表示增加材料的方向，应与图 4-15 箭头方向相同，若与图中相反，可单击操控板中的 ╱ 按钮，改变方向。在拉伸深度文本框中输入 25，预览正确后，单击操控板中的 ✔（绿色）按钮，如图 4-17 所示。

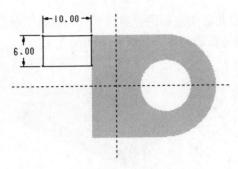

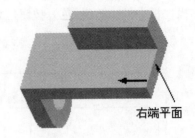

图 4-16 草绘截面 3   图 4-17 添加特征 2

（11）单击工具栏中的 （拉伸工具）按钮，弹出拉伸操控板。单击操控板中的"放置"按钮，弹出"放置"面板，单击该面板中的"定义"按钮，弹出"草绘"对话框。选择特征的右端平面，参看图 4-17，单击"草绘"对话框中的"草绘"按钮，进入草绘平面。

（12）在草绘平面中，绘制如图 4-18 所示的草绘截面 4。

注意：在草绘过程中，使用 （创建相同点、图元上的点或共线约束）和 （通过边创建图元）约束命令。

（13）单击工具栏中的 ✓（蓝色）按钮，在图形窗口内，按住中键并移动鼠标旋转对象，出现黄色箭头，表示增加材料的方向，应与图 4-17 箭头方向相同，若与图中相反，可单击操控板中的 按钮，改变方向。在拉伸深度文本框中输入 5，预览正确后，单击操控板中的 ✓（绿色）按钮，如图 4-19 所示。

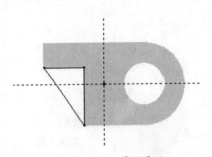

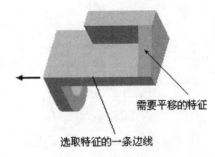

图 4-18 草绘截面 4   图 4-19 添加特征 3

（14）选择主菜单上的"编辑"→"特征操作"命令，弹出"菜单管理器"，选取"复制"命令，弹出"复制特征"菜单，选取"移动"→"独立"→"完成"命令，弹出"选取特征"菜单，系统提示：选择要平移的特征。在图形窗口内，鼠标左键单击需要平移的特征，参看图 4-19，选中的特征由红色线框包围，选取"完成"命令，弹出"移动特征"菜单，选择"平移"命令，弹出"一般选取方向"菜单，选择"曲线/边/轴"命令，系统提示：选取一边或轴作为所需方向。鼠标选取特征的一条边线，参看图 4-19，弹出"方向"菜单，出现的红色箭头，表示特征平移方向（若与图 4-19 中箭头方向相反，可选择菜单中的"反向"），选择菜单中的"确定"，系统提示：输入偏距距离。在编辑框中输入 20，在弹出的"菜单管理器"中选择"完成移动"，弹出"组元素"对话框和"组可变尺寸"菜单，选择"完成"，系统提示：所有元素已定义，请从对话框中选取元素或动作。单击"组元素"对话框中的"确定"按钮，单击"菜单管理器"中的"完成"，如图 4-20 所示，完成特征的移动复制，参看图 4-11。

（15）保存文件到指定的工作目录下。

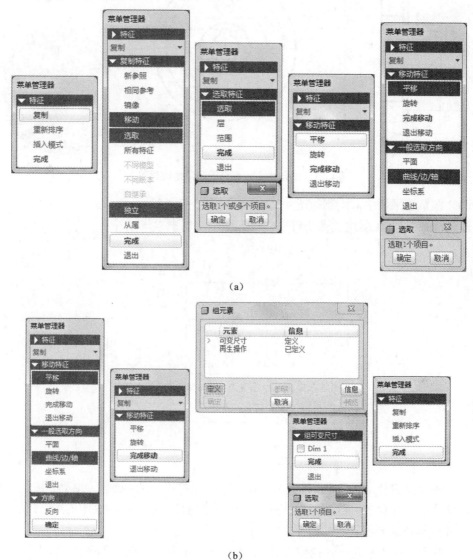

图 4-20 "菜单管理器"

4.1.3 旋转复制

该命令是通过旋转源特征来进行特征的旋转复制。图 4-21 为组合体的三视图（只画出主、左视图）和实体造型图。

（1）"新建"→ 输入文件名称："t4-21"→ "确定"。

（2）单击工具栏中的 ⬡（旋转工具）按钮，弹出旋转操控板。单击操控板中的"放置"按钮，弹出"放置"面板，单击该面板中的"定义"按钮，弹出"草绘"对话框。选择 FRONT 基准面，单击"草绘"对话框中的"草绘"按钮，进入草绘平面。

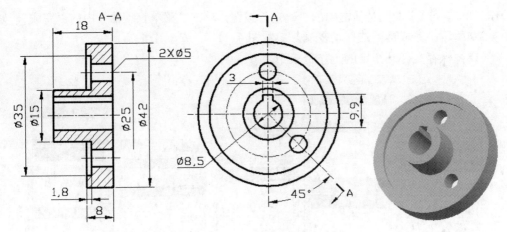

图 4-21 组合体主、左视图和实体造型图 3

（3）在草绘平面中，绘制如图 4-22 所示的草绘截面 1。

注意：使用 🔧（创建 2 点几何中心线）命令绘制中心线。

几何中心线

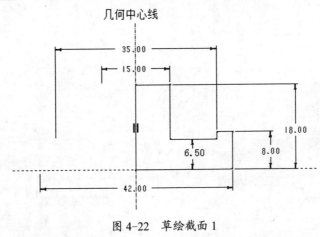

图 4-22 草绘截面 1

（4）单击工具栏中的 ✔（蓝色）按钮，单击操控板中的 ☑️ ∞（预览）按钮。预览时，可按住中键并移动鼠标进行旋转查看。预览正确后，单击操控板中的 ✔（绿色）按钮，完成旋转特征的创建，如图 4-23 所示。

（5）单击工具栏中的 ⬜（拉伸工具）按钮，弹出拉伸操控板。单击操控板中的 ⧄（移出材料）按钮，单击操控板中的"放置"按钮，弹出"放置"面板，单击该面板中的"定义"按钮，弹出"草绘"对话框。选取顶平面，参看图 4-23，单击"草绘"对话框中的"草绘"按钮，弹出"参照"对话框，系统提示：选取垂直曲面、边或顶点、截面将相对于它们进行尺寸标注和约束。选择 FRONT 基准面，如图 4-24 所示，单击"参照"对话框的"关闭"按钮，进入草绘平面。

（6）在草绘平面中，绘制如图 4-25 所示的草绘截面 2。

（7）单击工具栏中的 ✔（蓝色）按钮，出现黄色箭头，表示切剪材料的方向，朝向键槽孔内侧为正确，在拉伸深度类型中选择 ⯊⯊ 穿透。预览正确后，单击操控板中的 ✔（绿色）按钮，如图 4-26 所示。

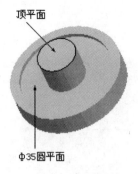

顶平面

Φ35圆平面

图 4-23 基础特征

图 4-24 "参照"对话框

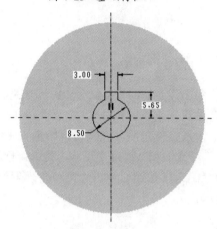

3.00

5.65

8.50

图 4-25 草绘截面 2

图 4-26 添加特征 1

（8）单击工具栏中的 ⬚（拉伸工具）按钮，弹出拉伸操控板。单击操控板中的 ⬚（移出材料）按钮，单击操控板中的"放置"按钮，弹出"放置"面板，单击该面板中的"定义"按钮，弹出"草绘"对话框。选取 φ35 圆平面，参看图 4-23，单击"草绘"对话框中的"草绘"按钮，弹出"参照"对话框，选择 FRONT 基准面，"参照"对话框参看图4-24，单击"参照"对话框的"关闭"按钮，进入草绘平面。

（9）在草绘平面中，选择 ⭕ 命令，首先绘制一个直径为 25 的圆，圆心在坐标原点，再单击 ▶（选取项目）按钮，选取 φ25 圆，该圆呈红色高亮显示，选择主菜单中的"编辑"→"切换构造"命令，如图 4-27 所示，选中的圆变成虚线（构造线）。

（10）选择 ⭕ 命令，绘制直径为 φ5 的圆，如图 4-28 所示。

（11）单击工具栏中的 ✔（蓝色）按钮，出现黄色箭头，表示切剪材料的方向，朝向孔内侧为正确，在拉伸深度类型中选择 ⬚（穿透）。预览正确后，单击操控板中的 ✔（绿色）按钮，4-29 所示。

（12）选择主菜单上的"编辑"→"特征操作"命令，弹出"菜单管理器"。选取"复制"命令，弹出"复制特征"菜单，选取"移动"→"独立"→"完成"命令，弹出"选取特征"菜单，系统提示：选择要平移的特征。在图形窗口内，选取直径为 5 的孔（步骤 11 完成的切剪特征），选中的特征由红色线框包围，选择菜单中的"完成"命令，弹出"移动特征"菜单，选择"旋转"命令，弹出"一般选取方向"菜单，选择"曲线/

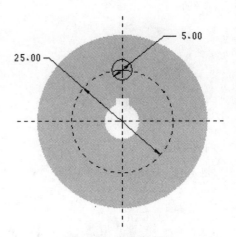

图 4-27　"编辑"下拉菜单　　　　　　　　图 4-28　草绘截面 3

边/轴",系统提示:选取一边或轴作为所需方向。打开 （基准轴显示开关）开关,选取旋转特征的轴线 A_1,如图 4-29 所示,出现红色箭头。按照图 4-29 位置,箭头向下为正确方向,选择菜单中的"确定",系统提示:输入旋转角度,在编辑框中输入 135,在弹出的菜单中选择"完成移动",弹出"组元素"对话框和"组可变尺寸"菜单管理器。选择"完成"命令,单击"组元素"对话框中的"确定"按钮,单击"菜单管理器"中的"完成",完成特征的旋转复制,如图 4-30 所示。

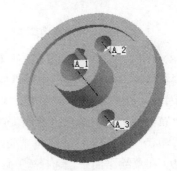

图 4-29　添加特征 2　　　　　　　　　　图 4-30　完成组合体造型

右手定则:右手握住旋转轴线,"大拇指"伸直指向红色箭头的方向（图 4-29 箭头方向）,其余"四指"的方向即为特征旋转复制的方向。

（13）保存文件到指定的工作目录下。

4.2　特征阵列

特征阵列是指将零件模型中的某一特征作为原始样本特征,通过指定阵列尺寸,建立多个与原始样本特征相似特征的操作过程。根据阵列产生特征的排列位置,可以将特征阵列分为矩形特征阵列和环形特征阵列,如图 4-31 所示。矩形特征阵列是按照距离尺寸的增量以直线方式进行的特征阵列,环形特征阵列是按照角度尺寸的增量以圆周方式进行的特征阵列。

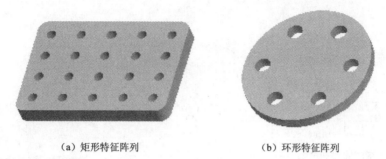

（a）矩形特征阵列   （b）环形特征阵列

图 4-31　特征阵列的类型

4.2.1　矩形特征阵列

（1）"新建"→ 输入文件名称："t4-31a" →"确定"。

（2）单击工具栏中的（拉伸工具）按钮，弹出拉伸操控板。单击操控板中的"放置"按钮，弹出"放置"面板，单击该面板中的"定义"按钮，弹出"草绘"对话框，选择 TOP 基准面，单击对话框中的"草绘"按钮，进入草绘平面。

（3）在草绘平面中，绘制如图 4-32 所示的草绘截面 1。

（4）单击工具栏中的（蓝色）按钮，在拉伸深度文本框中输入 10，预览时，可按住中键并移动鼠标进行旋转查看。预览正确后，单击操控板中的（绿色）按钮，完成基础特征的创建，如图 4-33 所示。

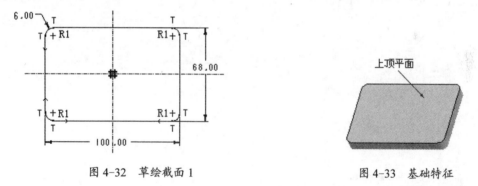

图 4-32　草绘截面 1   图 4-33　基础特征

（5）单击工具栏中的（拉伸工具）按钮，弹出拉伸操控板。单击操控板中的（移出材料）按钮，单击操控板中的"放置"按钮，弹出"放置"面板，单击该面板中的"定义"按钮，弹出"草绘"对话框。选取基础特征的上顶平面，如图 4-33 所示，单击"草绘"对话框中的"草绘"按钮，进入草绘平面。

（6）在草绘平面中，绘制如图 4-34 所示的草绘截面 2，按照图示标注尺寸。

（7）单击工具栏中的（蓝色）按钮，出现黄色箭头，表示切剪材料的方向，朝向孔内侧为正确，在拉伸深度类型中选择（穿透）。预览正确后，单击操控板中的（绿色）按钮，如图 4-35 所示。

（8）选择图 4-35 所示的切剪特征（直径为 6 的孔）→ 选中的特征由红色线框包围，单击工具栏中的（阵列工具）按钮，弹出阵列操控板，如图 4-36 所示。

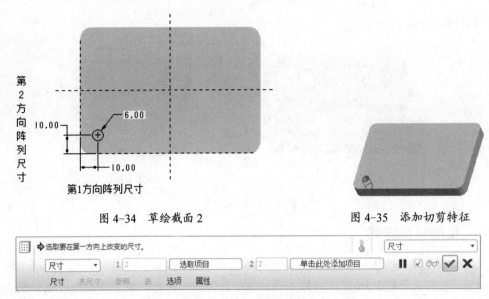

图 4-34 草绘截面 2   图 4-35 添加切剪特征

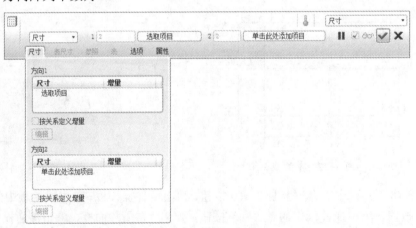

图 4-36 "阵列"操控板

（9）进行参数设置：单击操控板中的"尺寸"按钮，展开"尺寸"面板，在"尺寸"面板中，鼠标单击"方向 1"尺寸区中的"选取项目"，如图 4-37 所示。在图形窗口内，选择（鼠标单击）第 1 方向阵列尺寸，参看图 4-34，出现尺寸编辑框，在编辑框中输入该方向的阵列间距 20，也可以在"尺寸"面板中的"方向 1"尺寸"增量"区修改数字，设定第 1 方向阵列个数为 5。

图 4-37 "阵列"操控板和"尺寸"面板 1

（10）用同样的方法，在"尺寸"面板中，鼠标单击"方向 2"尺寸区中的"单击此处添加项目"，参看图 4-37。在图形窗口内，选择（鼠标左键单击）第 2 方向阵列尺寸，参看图 4-34，出现尺寸编辑框。在尺寸编辑框中输入该方向的阵列间距 16，也可以在"尺寸"面板中的"方向 2"尺寸"增量"区修改数字，设定第 2 方向阵列个数为 4，如图 4-38 所示。

（11）完成参数设置，单击操控板中的 ✔（绿色）按钮，完成阵列，如图 4-31（a）所示。

60

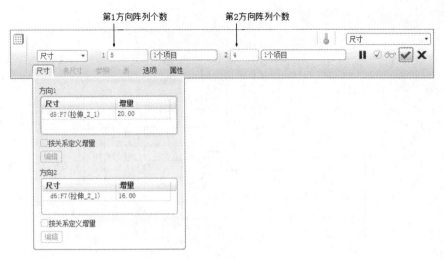

第1方向阵列个数　　　第2方向阵列个数

图 4-38　"阵列"操控板和"尺寸"面板 2

（12）保存文件到指定的工作目录下。

4.2.2　环形特征阵列

图 4-39 为后端盖的视图和实体造型图。

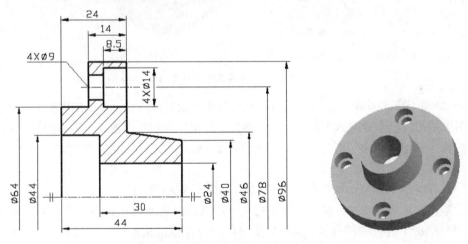

图 4-39　后端盖视图和实体造型图

（1）"新建"→输入文件名称：9_houduangai →"确定"。

（2）单击工具栏中的 ⟡（旋转工具）按钮，弹出旋转操控板。单击操控板中的"放置"按钮，弹出"放置"面板，单击该面板中的"定义"按钮，弹出"草绘"对话框。选择 FRONT 基准面，单击"草绘"对话框中的"草绘"按钮，进入草绘平面。

（3）在草绘平面中，绘制如图 4-40 所示的草绘截面 1。

注意： 使用 ⠿（创建 2 点几何中心线）命令绘制中心线。

（4）单击工具栏中的 ✔（蓝色）按钮，单击操控板中的 ☑⟳（预览）按钮，预览时，可按住中键并移动鼠标进行旋转查看。预览正确后，单击操控板中的 ✔（绿色）按钮，完成旋转特征的创建，如图 4-41 所示。

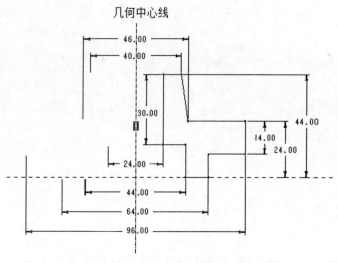

图 4-40　草绘截面 1

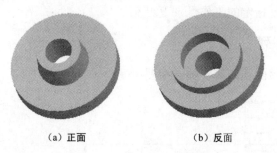

（a）正面　　　　　　　（b）反面

图 4-41　后端盖基础造型

（5）单击工具栏中的 ◎◇（旋转工具）按钮，弹出旋转操控板。单击操控板中的 ◢（移出材料）按钮，单击操控板中的"放置"按钮，弹出"放置"面板，单击该面板中的"定义"按钮，弹出"草绘"对话框，选择 FRONT 平面，单击"草绘"对话框中的"草绘"按钮，进入草绘平面。

（6）在草绘平面中，绘制如图 4-42 所示的草绘截面 2。

注意：在草绘过程中，使用 ◎（创建相同点、图元上的点或共线约束）约束命令。

（7）单击工具栏中的 ✔（蓝色）按钮，出现黄色箭头，表示切剪材料的方向，朝向孔内侧为正确，预览正确后，单击操控板中的 ✔（绿色）按钮，如图 4-43 所示。

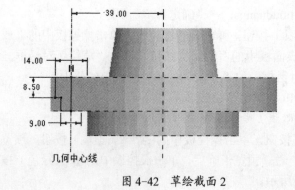

图 4-42　草绘截面 2　　　　　　图 4-43　添加特征

62

（8）选择步骤 7 完成的切剪特征（阶梯孔）→ 选中的特征由红色线框包围，单击工具栏中的 ▦（阵列工具）按钮，弹出阵列操控板，选择"尺寸"下拉列表中的"轴"，如图 4-44 所示，系统提示：选取基准轴、坐标系轴来定义阵列中心。打开基准轴显示开关 ✐，选取基础特征的轴线 A_1，参看图 4-43，阵列个数为 4，角度增量为 90（默认），操控板中的各项设置，如图 4-45 所示。

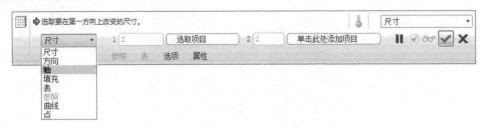

图 4-44　选择"尺寸"下拉列表中的"轴"

图 4-45　操控板中的各项设置

（9）单击操控板中的 ✔（绿色）按钮，完成阵列，如图 4-46 所示。

（10）保存文件到指定的工作目录下。

注意：若要删除特征阵列中的子特征，应使用"删除阵列"命令，如图 4-47 所示。

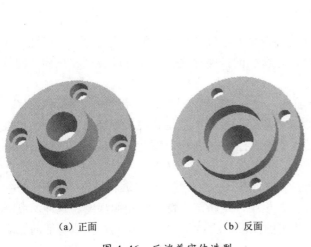

（a）正面　　　　　　（b）反面

图 4-46　后端盖实体造型

图 4-47　删除阵列

4.3　特征删除

特征删除是指将零件模型中的某些特征删除，是不可恢复性的操作，因此，在进行特征删除操作之前，必须确认该特征是否可删除。

方法1：在导航区选中欲删除的特征（选中的特征由红色线框包围），单击鼠标右键，弹出菜单，选择"删除"命令，可参看图4-47，这时，系统弹出"删除"对话框，如图4-48所示。选择对话框中的"确定"，将删除选中的特征，选择"取消"，将取消删除操作。

图4-48 "删除"对话框

方法2：在图形窗口内，鼠标选取欲删除的特征（选中的特征由红色线框包围），按键盘上的"Delete"键，同样可以进行删除操作。

在草绘模式下删除图线，可单击草绘工具栏中的 ▶ （选取项目）按钮，然后，在图形窗口内，选择欲删除的图线，选中的图线呈红色高亮显示，按键盘上的"Delete"键，同样可以进行删除（图线）操作。

4.4 特征编辑定义

当特征创建完成后，如果需要改变特征的属性、截面的形状或特征的深度选项，可以使用特征"编辑定义"命令。

4.4.1 编辑定义特征的属性

在操控板中，可以重新选定特征的旋转角度、旋转角度类型和旋转方向等属性。如果是拉伸特征，可以在操控板中重新选定特征的拉伸深度、拉伸深度类型和拉伸方向等属性。

以"9_houduangai"为例，在导航区，选择"旋转1"→"右键"→"编辑定义"，可参看图4-47，弹出"旋转"操控板，可以在操控板中，重新定义旋转角度、旋转角度类型和旋转方向等属性。修改完成后，单击操控板中的 ✔ （绿色）按钮，完成特征的编辑定义。

以"T4-1"为例，在导航区，选择"拉伸3"→"右键"→"编辑定义"，如图4-49所示，弹出"拉伸"操控板，可以在操控板中，重新定义特征的拉伸深度、拉伸深度类型和拉伸方向等属性。修改完成后，单击操控板中的 ✔ （绿色）按钮，完成特征的编辑定义。

4.4.2 编辑定义特征的截面

以"T4-21"为例，在导航区，单击"拉伸1"前面的 ➕ 按钮，展开"拉伸1"，选择 🖉 S2D0002 →"右键"→"编辑定义"，如图4-50所示，系统进入"拉伸1"的草

64

绘平面。在图形窗口内，修改草绘截面的尺寸、约束关系、截面形状等，修改完成后，单击工具栏中的 ✔（蓝色）按钮，完成特征截面的编辑定义。

图 4-49　编辑定义 1

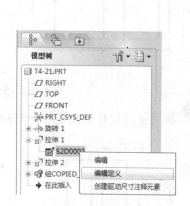

图 4-50　编辑定义 2

练 习 题

1. 练习使用镜像复制命令，创建图 4-51 所示的组合体。

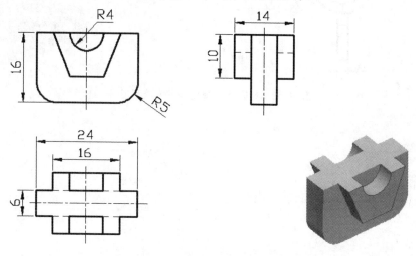

图 4-51　组合体三视图和实体造型图 4

2. 练习使用移动复制命令，创建图 4-52 所示的组合体。

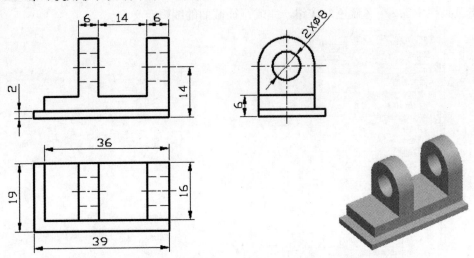

图 4-52　组合体三视图和实体造型图 5

3. 练习使用旋转复制命令，创建图 4-53 所示的组合体。

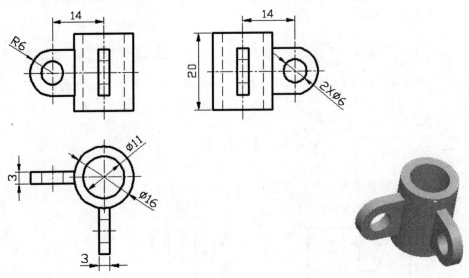

图 4-53　组合体三视图和实体造型图 6

第5章 基准特征

基准是设计时作为其它特征产生的参照，起辅助设计的作用，它也是一种特征，在模型设计过程中起着非常重要的作用。基准特征主要包括基准平面、基准轴、基准点、基准曲线和基准坐标系。本章介绍几种常用的基准特征。

5.1 基 准 平 面

基准平面是一个很重要的特征，无论是在零件设计还是在零件装配过程中，都将使用到基准平面。当新建一个文件，使用默认模板时，系统提供 3 个默认的基准平面，即 FRONT、RIGHT 和 TOP 基准平面，如图 5-1 所示。

5.1.1 建立基准平面

选择主菜单中的"插入"→"模型基准"→"平面"命令，如图 5-2 所示，也可以单击特征工具栏中的 ▱（基准平面工具）按钮，如图 5-3 所示。下面通过实例讲解基准平面的建立方法。

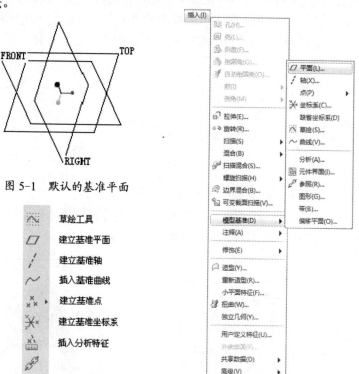

图 5-1　默认的基准平面

图 5-3　基准特征工具条

图 5-2　"插入"下拉菜单

1. 创建偏移基准平面

图 5-4 为组合体的三视图和实体造型图。

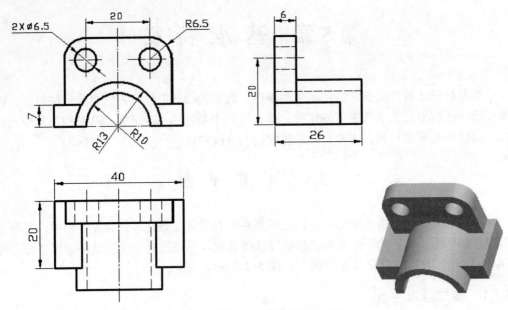

图 5-4 组合体三视图和实体造型图 1

（1）"新建" → 输入文件名称："t5-4" → "确定"。

（2）单击工具栏中的 （拉伸工具）按钮，弹出拉伸操控板。单击操控板中的"放置"按钮，弹出"放置"面板，单击该面板中的"定义"按钮，如图 5-5 所示，弹出"草绘"对话框。选择 FRONT 基准面，单击对话框中的"草绘"按钮，进入草绘平面。

图 5-5 "拉伸"操控板

（3）在草绘平面中，绘制如图 5-6 所示的草绘截面 1。

（4）单击工具栏中的 ✔ （蓝色）按钮 → 在拉伸深度文本框中输入 26 → 单击操控板中的 ✔ （绿色）按钮，标准方向如图 5-7 所示。

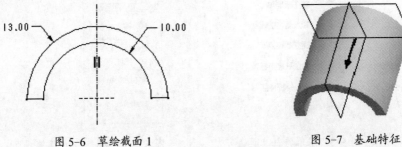

图 5-6 草绘截面 1　　　　　　图 5-7 基础特征

（5）单击工具栏中的 （拉伸工具）按钮，弹出拉伸操控板。单击操控板中的"放置"按钮，弹出"放置"面板，单击该面板中的"定义"按钮，弹出"草绘"对话框。选择 FRONT 基准面，单击对话框中的"草绘"按钮，进入草绘平面。

（6）在草绘平面中，绘制如图 5-8 所示的草绘截面 2。

（7）单击工具栏中的 ✔（蓝色）按钮，在图形窗口内，旋转对象（按住鼠标中键，并移动鼠标），增加材料的方向应与图 5-7 箭头方向一致，若方向相反，可单击操控板中的 按钮，改变方向，在拉伸深度文本框中输入 6，单击操控板中的 ✔（绿色）按钮，标准方向如图 5-9 所示。

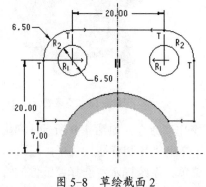

图 5-8　草绘截面 2

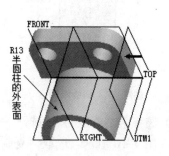

图 5-9　添加特征

（8）单击工具栏中的 （基准平面工具）按钮，弹出"基准平面"对话框，如图 5-10 所示。选择 RIGHT 基准面，出现的黄色箭头表示基准面偏移的方向，在该对话框的"平移"编辑框中输入 20.00，如图 5-11 所示，单击对话框中的"确定"，建立 DTM1 基准平面，与 RIGHT 平行且距离为 20，可参看图 5-9。

图 5-10　"基准平面"对话框 1

图 5-11　"基准平面"对话框 2

注意：如果创建的基准平面与图中位置（偏移方向）不一致，可以在对话框的"平移"编辑框中输入-20（注意负号）。

（9）单击工具栏中的 （拉伸工具）按钮，弹出拉伸操控板，单击操控板中的"放置"按钮，弹出"放置"面板，单击该面板中的"定义"按钮，弹出"草绘"对话框，选择 DTM1 基准面，单击对话框中的"草绘"按钮，进入草绘平面。

（10）在草绘平面中，绘制如图 5-12 所示的草绘截面 3。

（11）单击工具栏中的 ✔（蓝色）按钮，在图形窗口内，旋转对象，增加材料的方向应与图 5-9 箭头方向一致，若方向相反，可单击操控板中的 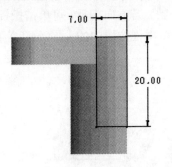 按钮，改变方向。在拉伸深度类型中，选择 （拉伸至选定的点、曲线、平面或曲面）命令，系统提示：选取一个参照，如曲面、曲线、轴或点，以指定第 1 侧的深度。旋转对象至合适的位置，鼠标左键单击选取 R13 半圆柱的外表面，参看图 5-9，单击操控板中的 ✔ （绿色）按钮，标准方向如图 5-13 所示。

图 5-12　草绘截面 3

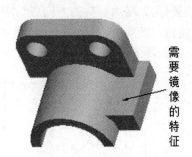

图 5-13　不完整组合体

（12）选择主菜单上的"编辑"→"特征操作"命令，如图 4-9 所示，弹出"菜单管理器"，如图 4-10 所示。选取"复制"命令，弹出"复制特征"菜单，选取"镜像"→"独立"→"完成"命令，弹出"选取特征"菜单，系统提示：选择要镜像的特征。在图形窗口内，选取需要镜像的特征（步骤 11 创建完成的特征），参看图 5-13，选中的特征由红色线框包围，单击菜单管理器中的"完成"命令，弹出"设置平面"菜单，系统提示：选择一个平面或创建一个基准以其作镜像。选取 RIGHT 基准面，单击"菜单管理器"中的"完成"，完成镜像操作，组合体的实体造型参看图 5-4。

（13）保存文件到指定的工作目录下。

2. 创建与曲面相切的基准平面

图 5-14 是轴套视图，看懂视图，然后根据图中的尺寸，实体造型。

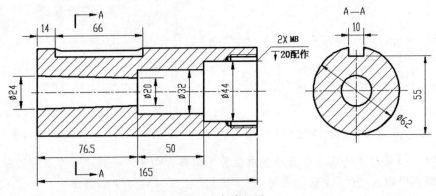

图 5-14　轴套视图

（1）"新建"→ 输入文件名称：2_zhoutao →"确定"。

（2）单击工具栏中的 ⊕（旋转工具）按钮，弹出旋转操控板。单击操控板中的"放置"按钮，弹出"放置"面板，单击该面板中的"定义"按钮，如图 5-15 所示，弹出"草绘"对话框。选择 FRONT 基准面，单击对话框中的"草绘"按钮，进入草绘平面。

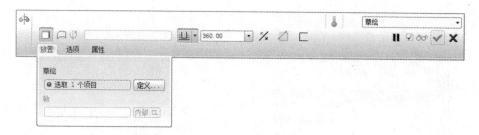

图 5-15 "旋转"操控板

（3）在草绘平面中，绘制如图 5-16 所示的草绘截面 1。

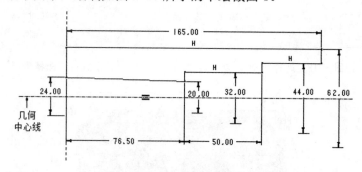

图 5-16 草绘截面 1

（4）单击工具栏中的 ✔（蓝色）按钮，单击操控板中的 ✔（绿色）按钮，标准方向如图 5-17 所示。

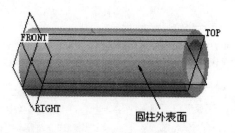

图 5-17 基础特征

（5）单击工具栏中的 ▱（基准平面工具）按钮，弹出"基准平面"对话框，参看图 5-10。选取实体模型上的圆柱外表面，参看图 5-17，在"基准平面"对话框的"放置"参照约束类型中，选择相切，如图 5-18 所示，按住 Ctrl 键，选取 TOP 基准面，在"放置"参照约束类型中，选择平行，如图 5-19 所示。单击对话框中的"确定"，建立基准平面 DTM1，与圆柱外表面相切，并且平行于 TOP 基准面，如图 5-20 所示。

（6）单击工具栏中的 ⬦（拉伸工具）按钮，弹出拉伸操控板。单击操控板中的 ◿（移出材料）按钮，单击操控板中的"放置"按钮，弹出"放置"面板。单击该面板中的"定义"按钮，弹出"草绘"对话框。选择 DTM1 基准面，单击对话框中的"草绘"按钮，进入草绘平面。

（7）在草绘平面中，绘制如图 5-21 所示的草绘截面 2。

（8）单击工具栏中的 ✔（蓝色）按钮，在图形窗口内，旋转对象，黄色箭头的方向应朝向键槽的内侧（若朝向键槽的外侧，可单击 ✗ 按钮，改变方向），在拉伸深度编

图 5-18　选择相切　　　　　　　　　　图 5-19　选择平行

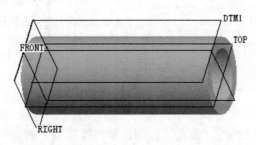

图 5-20　创建 DTM1 基准平面

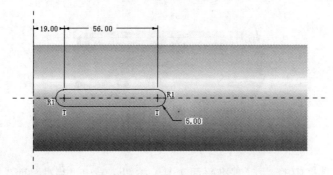

图 5-21　草绘截面 2

辑框中输入 7 ，单击操控板中的 ✔（绿色）按钮，选择标准方向或默认方向，如图 5-22 所示。

（a）实体模式　　　　　　　　　（b）线框模式

图 5-22　轴套实体造型

（9）保存文件到指定的工作目录下。

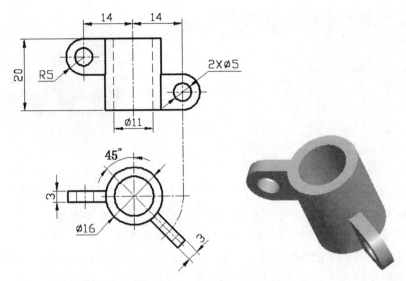

图 5-23　组合体主、俯视图和实体造型图 2

3. 创建具有角度偏移的基准平面

组合体的主、俯视图和实体造型图，如图 5-23 所示。

（1）"新建" → 输入文件名称："t5-23" → "确定"。

（2）单击工具栏中的 ☐（拉伸工具）按钮，弹出拉伸操控板。单击操控板中的"放置"按钮，弹出"放置"面板，单击该面板中的"定义"按钮，弹出"草绘"对话框。选择 TOP 基准面，单击对话框中的"草绘"按钮，进入草绘平面。

（3）在草绘平面中，绘制如图 5-24 所示的草绘截面 1。

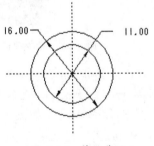

图 5-24　草绘截面 1

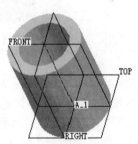

图 5-25　基础特征

（4）单击工具栏中的 ✔（蓝色）按钮，在拉伸深度文本框中输入 20，单击操控板中的 ✔（绿色）按钮，标准方向如图 5-25 所示。

（5）单击工具栏中的 ▱（基准平面工具）按钮，弹出"基准平面"对话框，打开基准轴显示开关 ⚊，选取基础特征的轴线 A_1，可参看图 5-25。按住 Ctrl 键选取 RIGHT 基准面，在"基准平面"对话框的"放置"参照约束类型中，选择偏移，如图 5-26 所示。在"偏移"旋转编辑框中输入 45.00，单击对话框中的"确定"，建立基准平面 DTM1，穿过 A_1 轴线且与 RIGHT 基准面夹角 45°，如图 5-27 所示。

（6）单击工具栏中的 ☐（拉伸工具）按钮，弹出拉伸操控板。单击操控板中的"放置"按钮，弹出"放置"面板，单击该面板中的"定义"按钮，弹出"草绘"对话框。

图 5-26　选择偏移

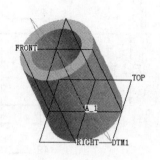

图 5-27　创建 DTM1

选择 FRONT 基准面，单击对话框中的"草绘"按钮，进入草绘平面。

（7）在草绘平面中，绘制如图 5-28 所示的草绘截面 2。

（8）单击工具栏中的 ✔（蓝色）按钮，在拉伸深度类型中选择 ⬚（对称），在拉伸深度文本框中输入 3 ，单击操控板中的 ✔（绿色）按钮，标准方向如图 5-29 所示。

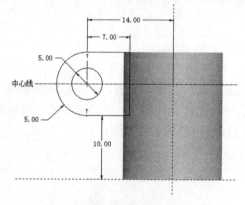

图 5-28　草绘截面 2

图 5-29　添加特征

（9）单击工具栏中的 ▱（基准平面工具）按钮，弹出"基准平面"对话框，打开基准轴显示开关 ╱，选取基准特征的轴线 A_1，可参看图 5-27。按住 Ctrl 键选取 RIGHT 基准面，在"基准平面"对话框的"放置"参照约束类型中，选择偏移，如图 5-30 所示，在"偏移"旋转编辑框中输入 135.00，单击对话框中的"确定"，建立基准平面 DTM2，穿过 A_1 轴线且与 RIGHT 基准面夹角 135°，如图 5-31 所示。

图 5-30　选择偏移

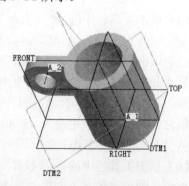

图 5-31　创建 DTM2

（10）单击工具栏中的 （拉伸工具）按钮，弹出拉伸操控板。单击操控板中的"放置"按钮，弹出"放置"面板，单击该面板中的"定义"按钮，弹出"草绘"对话框。选择 DTM1 为草绘平面，单击对话框中的"草绘"按钮，进入草绘平面，同时，弹出"参照"对话框，如图 5-32 所示，单击该对话框中的 按钮，系统提示：选取垂直曲面、边或顶点，截面将相对于它们进行尺寸标注和约束。选择 DTM2 基准面，关闭"参照"对话框。

图 5-32 "参照"对话框

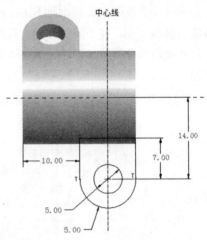

图 5-33 草绘截面 3

（11）在草绘平面中，绘制如图 5-33 所示的草绘截面 3。

（12）单击工具栏中的 ✔（蓝色）按钮，在拉伸深度类型中选择 ⊟（对称），在拉伸深度文本框中输入 3，单击操控板中的 ✔（绿色）按钮，组合体的实体造型参看图 5-23。

（13）保存文件到指定的工作目录下。

5.1.2 修改基准平面名称

如果要更改已有基准平面的名称，可以在导航区选中相应的基准特征，单击鼠标右键，从弹出的快捷菜单上选择"重命名"，或者在导航区双击基准平面的名称，然后输入新的名称。

5.2 基 准 轴

同基准平面一样，基准轴也可以用作特征创建的参照。基准轴的创建主要分两种情况：一是基准轴作为单独的特征来创建；二是创建带有圆弧的特征时，系统会自动产生一个基准轴。

基准轴的创建主要有以下几种方法：

（1）过边界：通过模型上的一个直线边。

（2）垂直于平面：垂直于一个平面，并可调整与两条定位参考边的距离。

（3）过点且垂直于平面：通过一个基准点，并与一个平面垂直。

（4）两平面：两相交平面产生的交线。

（5）两个点：通过两个点。

（6）过柱面：通过一个回转面的中心轴。

下面用实例来说明创建基准轴的一般过程。

方法 1：选择主菜单中的"插入"→"模型基准"→"轴"命令，参看图 5-2，也可以单击特征工具栏中的 ✎（基准轴工具）按钮，参看图 5-3，弹出"基准轴"对话框，如图 5-34 所示。打开基准轴显示开关 ✎，在图形窗口内，选取水平面（上面），如图 5-35 所示。出现两个偏移参照句柄，鼠标单击对话框的"偏移参照"编辑区，参看图 5-34。再选取前端平面，在"偏移参照"尺寸编辑框中输入 10，按住 Ctrl 键，再选取右侧平面，在尺寸编辑框中输入 10，如图 5-36 所示，单击对话框中的"确定"，完成 A_1 基准轴的创建。

图 5-34 "基准轴"对话框

注意：如果创建的基准轴与图中位置（偏移方向）不一致，可以在"偏移参照"尺寸编辑框中输入-10（注意负号）。

方法 2：单击特征工具栏中的 ✎（基准轴工具）按钮，弹出"基准轴"对话框，如图 5-34 所示。打开基准轴显示开关 ✎ 和基准平面显示开关 ◢，选择 FRONT 基准面，按照 Ctrl 键，再选择 RIGHT 基准面，单击对话框中的"确定"，完成 A_2 基准轴的创建，如图 5-37 所示。

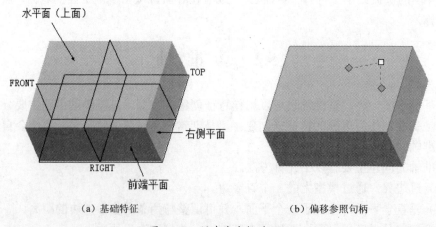

（a）基础特征 （b）偏移参照句柄

图 5-35 创建基准轴过程 1

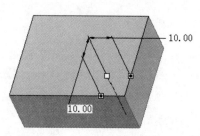

图 5-36　创建基准轴过程 2

图 5-37　创建基准轴

5.3　基　准　点

基准点的用途主要包括：尺寸标注的参照、特征建立的终点参照、倒圆角的半径定义、基准轴的穿过参照对象、零件装配的对齐参照等。

选择主菜单中的"插入"→"模型基准"→"点"命令，也可以单击特征工具栏中的 $\times\times$（基准点工具）按钮，如图 5-38 所示。

创建基准点的常用方法如下：

（1）在曲线、边线或基准轴上创建基准点：通过指定偏移比率或实际长度，确定基准点的位置。

（2）3 个面的交点：在 3 个面的相交处创建基准点。

（3）坐标原点：在一个坐标系的原点处创建基准点。

（4）过中心点：在直线的中间点或圆弧的圆心创建基准点。

（5）草绘点：进入草绘环境，绘制一个基准点。

下面采用方法（1）来说明创建基准点的一般过程。

单击工具栏中的 $\times\times$（基准点工具）按钮，弹出"基准点"对话框，在图形窗口内，鼠标选取实体模型的边线，如图 5-39 所示，出现句柄（白色小方框）。在该对话框中，选择"比率"下拉列表中的"实数"，如图 5-40 所示，并在"偏移"尺寸编辑框中输入15，单击对话框中的"确定"，创建基准点 PNT0，如图 5-41 所示。

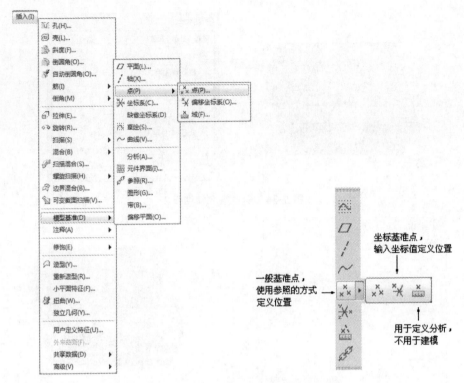

图 5-38 "插入"下拉菜单和"点"工具图标

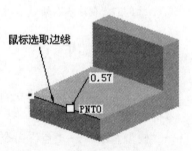

图 5-39 选取边线,出现句柄

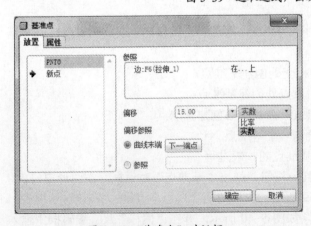

图 5-40 "基准点"对话框

图 5-41 创建基准点

1. 参看图 5-42 组合体的主、俯视图和实体造型图，创建组合体（创建偏移基准平面），文件名称："t5-42"。

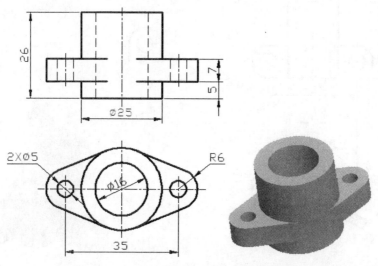

图 5-42　组合体主、俯视图和实体造型图 3

2. 参看图 5-43 轴的视图和实体造型图，创建轴（创建与曲面相切的基准平面），文件名称："t5-43"。

图 5-43　（1）轴的视图

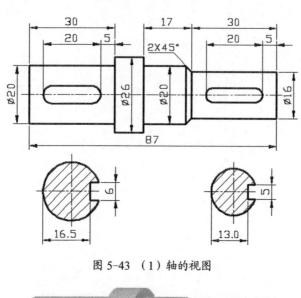

图 5-43　（2）轴的实体造型图

3. 参看图 5-44 组合体的主、俯视图、局部视图和实体造型图，创建组合体（创建具有角度偏移的基准平面）。

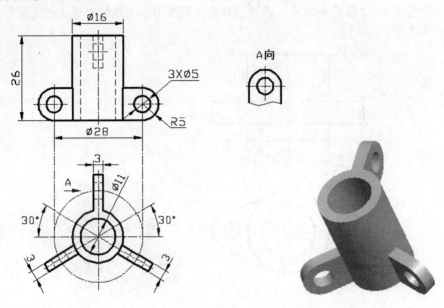

图 5-44　组合体视图和实体造型图 4

第6章　工艺特征造型

为了达到设计要求和工艺要求，仅仅使用基础特征造型工具是难以将零件模型设计得完整准确。Pro/E 不仅能够创建基础特征，而且还能够创建这样一类特征，例如：孔特征、壳特征、筋特征、拔模特征、倒圆角特征和倒角特征等，它们不能单独生成，只能在其它特征上生成，这些特征通常被称为工艺特征。由此可见，用户在进行设计时，首先要创建一个实体特征模型，然后在该实体模型上创建所需的各种工艺特征，也就是将基础特征造型工具和工艺特征造型工具结合使用，这样，才能灵活、方便、快捷地设计出各种各样的零件模型。本章介绍常用的工艺特征造型操作工具。

6.1　孔　特　征

使用 Pro/E 的工艺特征造型工具可以创建各种各样的孔特征，例如：通孔、盲孔、沉头孔等，根据孔特征的特点，Pro/E 将其分为 3 种类型，即简单孔、草绘孔和标准孔，下面分别作以介绍。

6.1.1　孔特征工具的使用方法

单击特征工具栏中的 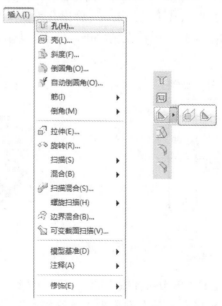（孔工具）按钮，也可以选择主菜单中的"插入"→"孔"命令，如图 6-1 所示，弹出孔特征操控板，如图 6-2 所示。

图 6-1　"插入"下拉菜单和工艺特征命令

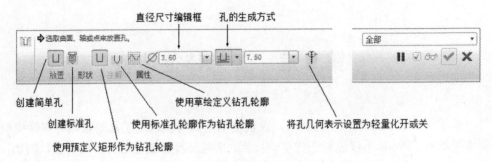

图 6-2　孔特征操控板

6.1.2　简单孔

直径为常数的圆孔称为简单孔，创建简单孔只需要设置孔的直径、深度以及孔的位置，是孔特征当中比较简单的一种类型。

1. 手柄

（1）"新建"→ 输入文件名称：5_shoubing→"确定"。

（2）单击工具栏中的　（旋转工具）按钮，弹出旋转操控板。单击操控板中的"放置"按钮，弹出"放置"面板，单击该面板中的"定义"按钮，弹出"草绘"对话框，系统提示：选取一个平面或曲面以定义草绘平面。选择 FRONT 基准面，单击"草绘"对话框中的"草绘"按钮，进入草绘平面。

（3）在草绘平面中，绘制如图 6-3 所示的草绘截面 1。

（4）单击工具栏中的　（蓝色）按钮，单击操控板中的　（预览）按钮，预览时，可按住中键并移动鼠标进行旋转查看。预览正确后，单击操控板中的　（绿色）按钮，完成旋转特征的创建，如图 6-4 所示。

（5）单击工具栏中的　（孔工具）按钮，弹出孔特征操控板，参看图 6-2，系统提示：选取曲面、轴或点来放置孔。鼠标左键单击（选取）基础特征的上顶平面，参看图6-4。

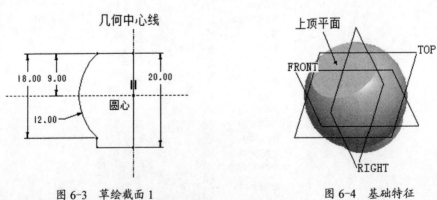

图 6-3　草绘截面 1　　　　　　　　　图 6-4　基础特征

（6）设定孔的放置位置：单击操控板中的"放置"按钮，展开"放置"面板，如图6-5 所示。在"放置"面板中，鼠标左键单击"偏移参照"空白区域中的"单击此处添加项目"，系统提示：最多选取 2 个参照，例如平面、曲面、边或轴，以定义孔偏移。选择 FRONT 基准平面，在"偏移"尺寸编辑框内输入 0，按住 Ctrl 键，选择 RIGHT 基准平面，在"偏移"尺寸编辑框内输入 0，在孔的直径编辑框中输入 10，在孔的生成方式中，选择 ▐▌▐▌（穿透），如图 6-6 所示。

（7）预览正确后，单击操控板中的 ✔（绿色）按钮，如图 6-7 所示。

图 6-5 单击"放置"按钮，展开"放置"面板

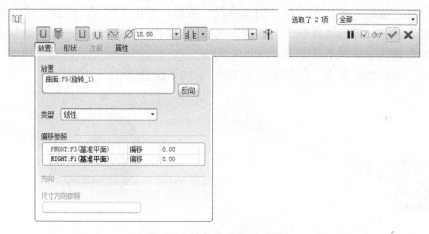

图 6-6 设定孔的放置位置

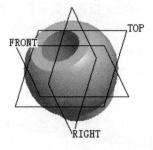

图 6-7 创建孔特征

（8）单击工具栏中的 ✛（旋转工具）按钮，弹出旋转操控板。单击操控板中的"放置"按钮，弹出"放置"面板，单击该面板中的"定义"按钮，弹出"草绘"对话框。选择 FRONT 基准面，单击"草绘"对话框中的"草绘"按钮，进入草绘平面。

（9）在草绘平面中，首先绘制一条几何中心线，该中心线与水平线的夹角为20°，然后，绘制草绘截面2，如图6-8所示。

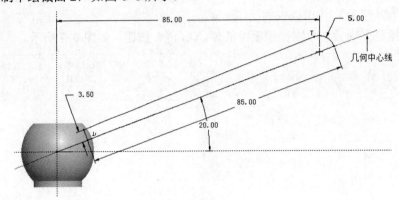

图6-8　草绘截面2

（10）单击工具栏中的 ✔ （蓝色）按钮，预览正确后，单击操控板中的 ✔ （绿色）按钮，如图6-9所示。

（11）单击工具栏中的 🗗 （拉伸工具）按钮，弹出拉伸操控板。单击操控板中的 ◿ （移出材料）按钮，单击操控板中的"放置"按钮，弹出"放置"面板，单击该面板中的"定义"按钮，弹出"草绘"对话框。选取FRONT基准面，单击"草绘"对话框中的"草绘"按钮，进入草绘平面。

（12）在草绘平面中，绘制如图6-10所示的草绘截面3。

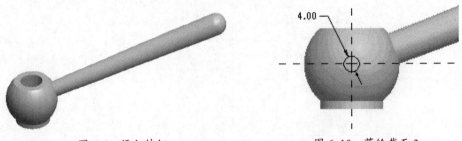

图6-9　添加特征　　　　　　　　　　　　图6-10　草绘截面3

（13）单击工具栏中的 ✔ （蓝色）按钮，黄色箭头表示切剪材料的方向，应朝向 $\phi4$ 孔的内侧，在拉伸深度类型中选择 🗗 （对称），在拉伸深度编辑框中输入 25（大于 24 即可），预览正确后，单击操控板中的 ✔ （绿色）按钮，如图6-11所示。

（14）保存文件到指定的工作目录下。

图6-11　手柄实体模型

84

2. 组合体

根据图 6-12 组合体的视图和尺寸，使用孔特征造型工具和环形特征阵列工具，实体造型。

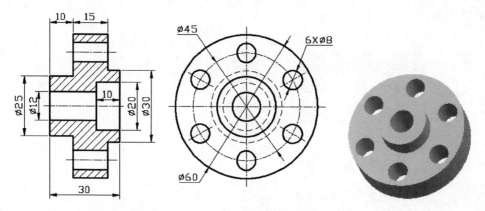

图 6-12　组合体主、左视图和实体造型图 1

（1）"新建"→ 输入文件名称："t6-12"→"确定"。

（2）单击工具栏中的 （旋转工具）按钮，弹出旋转操控板。单击操控板中的"放置"按钮，弹出"放置"面板，单击该面板中的"定义"按钮，弹出"草绘"对话框。选择 FRONT 基准面，单击"草绘"对话框中的"草绘"按钮，进入草绘平面。

（3）在草绘平面中，绘制如图 6-13 所示的草绘截面。

（4）单击工具栏中的 ✔（蓝色）按钮，预览正确后，单击操控板中的 ✔（绿色）按钮，如图 6-14 所示。

（5）单击工具栏中的 （孔工具）按钮，弹出孔特征操控板，参看图 6-2，系统提示：选取曲面、轴或点来放置孔。选取基础特征的圆环平面，如图 6-14 所示。

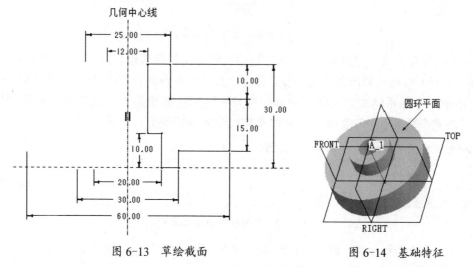

图 6-13　草绘截面　　　　　　图 6-14　基础特征

（6）设定孔的放置位置：单击操控板中的"放置"按钮，展开"放置"面板，如图 6-5 所示。在"放置"面板的"线性"下拉列表中，选择"直径"选项，鼠标左键单击

"偏移参照"空白区域中的"单击此处添加项目"，系统提示：最多选取 2 个参照，例如平面、曲面、边或轴，以定义孔偏移。打开基准轴显示开关 ⁄，选择 A_1 基准轴，参看图 6-14，在"直径"尺寸编辑框内输入 45，按住 Ctrl 键，选择 RIGHT 基准面，在"角度"尺寸编辑框内输入 0，在孔的直径编辑框中输入 10，在孔的生成方式中，选择 ▮▮ （穿透），如图 6-15 所示。

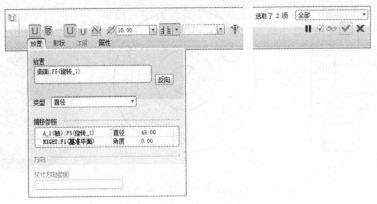

图 6-15　设定孔的放置位置

（7）预览正确后，单击操控板中的 ✔（绿色）按钮，如图 6-16 所示。

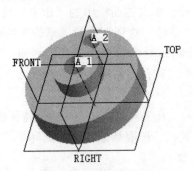

图 6-16　创建孔特征

（8）选择步骤 7 完成的"孔特征"，选中的特征由红色线框包围，单击工具栏中的 ▦（阵列工具）按钮，弹出阵列操控板。选择"尺寸"下拉列表中的"轴"，系统提示：选取基准轴、坐标系轴来定义阵列中心。打开基准轴显示开关 ⁄，选取基础特征的轴线 A_1，阵列个数为 6，角度增量为 60，操控板中的各项设置，如图 6-17 所示。

图 6-17　操控板中的各项设置

（9）完成参数设置，单击操控板中的 ✔（绿色）按钮，完成阵列，如图 6-18 所示。

（10）保存文件到指定的工作目录下。

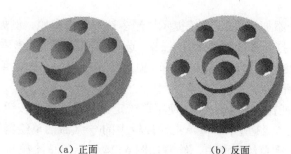

（a）正面　　　　　　　　　　（b）反面

图 6-18　组合体实体造型

6.1.3　草绘孔

草绘孔是利用草绘平面上绘制的孔截面绕中心线旋转而产生的，该类型孔特征的形状可以由用户设计，因此，草绘孔的样式是多种多样的。草绘孔特征需要用户设置孔的截面与位置。

图 6-19 是前端盖视图和实体造型图，按照视图中标注的尺寸，创建前端盖的实体模型。

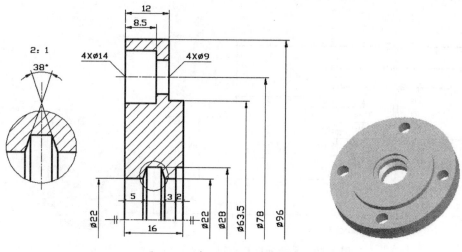

图 6-19　前端盖视图和实体造型图

（1）"新建"→ 输入文件名称：3_qianduangai →"确定"。

（2）单击工具栏中的 ⊕（旋转工具）按钮，弹出旋转操控板。单击操控板中的"放置"按钮，弹出"放置"面板，单击该面板中的"定义"按钮，弹出"草绘"对话框，选择 FRONT 基准面。单击"草绘"对话框中的"草绘"按钮，进入草绘平面。

（3）在草绘平面中，绘制如图 6-20 所示的草绘截面 1。

（4）单击工具栏中的 ✔（蓝色）按钮，预览正确后，单击操控板中的 ✔（绿色）按钮，如图 6-21 所示。

（5）单击工具栏中的 ⥾（孔工具）按钮，弹出孔特征操控板，系统提示：选取曲面、轴或点来放置孔。选取基础特征的圆环平面，如图 6-21 所示。

（6）设定孔的放置位置：单击操控板中的"放置"按钮，展开"放置"面板。在"放置"面板的"线性"下拉列表中，选择"直径"选项，鼠标左键单击"偏移参照"空白

87

区域中的"单击此处添加项目",系统提示：最多选取 2 个参照，例如平面、曲面、边或轴，以定义孔偏移。打开基准轴显示开关 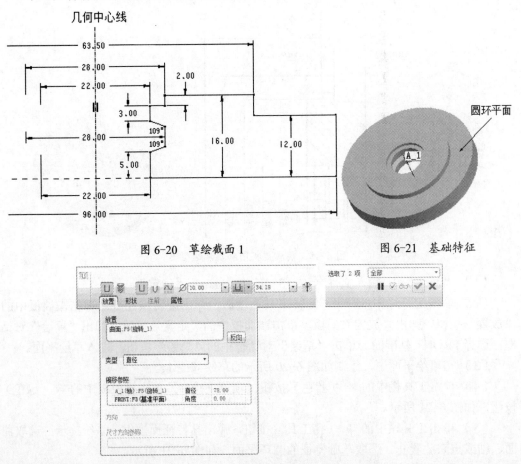，选择 A_1 基准轴，参看图 6-21，在"直径"尺寸编辑框内输入 78，按住 Ctrl 键，选择 FRONT 基准平面，在"角度"尺寸编辑框内输入 0，如图 6-22 所示。

（7）单击孔特征操控板中的 ▦（使用草绘定义钻孔轮廓）按钮，弹出"草绘定义"孔特征操控板，如图 6-23 所示。再单击操控板中的 ▦（激活草绘器以创建剖面）按钮，系统进入草绘平面，在草绘平面中，绘制如图 6-24 所示的草绘截面 2。

（8）单击工具栏中的 ✔（蓝色）按钮，返回"草绘定义"孔特征操控板，预览正确后，单击操控板中的 ✔（绿色）按钮，如图 6-25 所示。

（9）选择步骤 8 完成的"草绘孔"，选中的特征由红色线框包围，单击工具栏中的 ▦（阵列工具）按钮，弹出阵列操控板，选择"尺寸"下拉列表中的"轴"，系统提示：选取基准轴、坐标系轴来定义阵列中心。打开基准轴显示开关 ，选取基础特征的轴线 A_1，参看图 6-25，阵列个数 4，角度增量为 90（缺省），单击操控板中的 ✔（绿色）按钮，如图 6-26 所示。

（10）保存文件到指定的工作目录下。

图 6-20　草绘截面 1　　　　　　图 6-21　基础特征

图 6-22　设定孔的放置位置

88

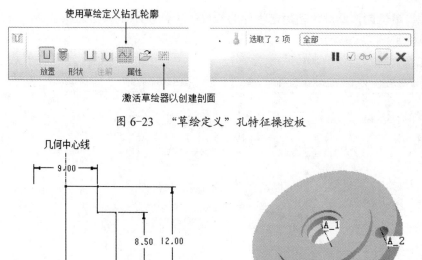

图 6-23　"草绘定义"孔特征操控板

图 6-24　草绘截面 2

图 6-25　完成草绘孔

（a）正面　　　　　　　　　　（b）反面

图 6-26　前端盖实体造型

6.1.4　标准孔

标准孔是具有标准结构、形状和尺寸的孔，如螺纹孔、间隙孔等。

1. 标准孔工具的使用方法

在图 6-2 所示的孔特征操控板上单击 🛡（创建标准孔）按钮后，操控板上的内容如图 6-27 所示，这时，可以使用操控板上的工具创建标准螺纹孔。

在创建标准螺纹孔时，必须注意单位的选取。我们在创建基础特征实体模型时使用了缺省模板，缺省模板使用英寸作为缺省单位，而 ISO 标准螺纹孔采用的是毫米（mm）作为缺省单位，二者的单位不匹配，因此，创建的标准螺纹孔非常小，甚至看不见，有两种方法可以解决这个问题。

1）在创建基础特征实体模型时设置单位

"新建"→ 去掉该对话框中"使用缺省模板"前面的 ☑→"确定"，系统弹出"新文件选项"对话框，如图 6-28 所示。在该对话框中选取"mmns_part_solid"，采用"毫米牛顿秒"单位制，此时，使用毫米作为长度单位，使用牛顿作为质量单位，使用秒作为时间单位。

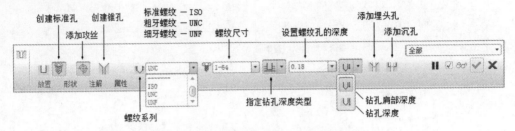

图 6-27   标准孔特征操控板

图 6-28   "新文件选项"对话框

2）对已有实体模型进行单位转换

如果在创建基础实体模型时已经采用了其它单位制，例如：缺省单位"inlbs_part_solid"，"英寸磅秒"单位制，那么，在创建标准孔之前，还可以对实体模型进行单位转换。

选择主菜单中的"文件"→"属性"命令，弹出"模型属性"对话框，如图 6-29 所示。再选择该对话框中"单位"后面的"更改"命令，弹出"单位管理器"对话框，如图 6-30 所示。在该对话框中，选取"毫米牛顿秒（mmNs）"→单击 **→设置...** 按钮，弹出"改变模型单位"对话框，如图 6-31 所示，其中两个选项的含义如下：

（1）"转换尺寸"：将原尺寸值按照比例换算为现在单位对应的尺寸值，例如：1 英寸换算为 25.4 毫米。

（2）"解译尺寸"：不进行单位换算，保持尺寸值不变的条件下，直接将原单位修正为现在的单位，例如：将原来的 1 英寸修正为 1 毫米。

2. 创建标准孔

（1）"新建"→去掉该对话框中"使用缺省模板"前面的 ☑ →输入文件名称：biaozhunkong →"确定"，弹出"新文件选项"对话框，如图 6-28 所示，在该对话框中选取"mmns_part_solid"，采用"毫米牛顿秒"单位制，单击"确定"。

（2）单击工具栏中的 🗗（拉伸工具）按钮，弹出拉伸操控板。单击操控板中的"放置"按钮，弹出"放置"面板。单击该面板中的"定义"按钮，弹出"草绘"对话框。选择 TOP 基准面，单击"草绘"对话框中的"草绘"按钮，进入草绘平面。

（3）在草绘平面中，绘制如图 6-32 所示的草绘截面 1。

（4）单击工具栏中的 ✔（蓝色）按钮，在拉伸深度文本框中输入 10，预览正确后，单击操控板中的 ✔（绿色）按钮，如图 6-33 所示。

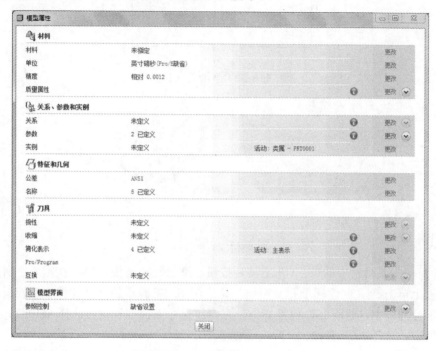

图 6-29　"模型属性"对话框

图 6-30　"单位管理器"对话框

图 6-31　"改变模型单位"对话框

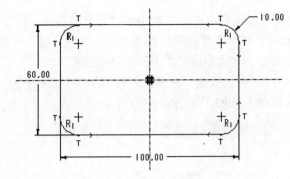

图 6-32　草绘截面 1

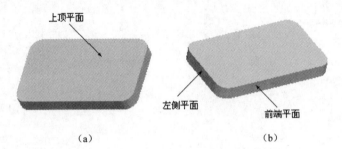

（a）　　　　　　　　　　　　（b）

图 6-33　基础特征

（5）单击工具栏中的 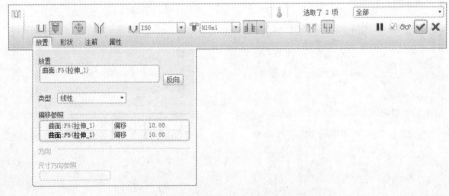（孔工具）按钮，弹出孔特征操控板。在图 6-2 所示孔特征操控板上单击 （创建标准孔）按钮，弹出图 6-27 所示的标准孔特征操控板，在螺纹系列下拉列表中，选取 ISO 标准螺纹，在螺纹尺寸下拉列表中，选择 M10×1，在钻孔深度类型中，选择 （穿透）、 （添加沉孔）和 （添加攻丝）（缺省）。

（6）设定标准孔的放置位置：单击操控板中的"放置"按钮，展开"放置"面板，在"放置"面板中，鼠标左键单击"放置"区域中的"无项目"，在图形窗口内，选择基础特征的上顶平面，参看图 6-33（a）。鼠标左键单击"偏移参照"空白区域中的"单击此处添加项目"，选择基础特征的左侧平面，参看图 6-33（b）。在"偏移"尺寸编辑框内输入 10（如果孔的位置与图中不符，可以输入-10 调整），按住 Ctrl 键，选择基础特征的前端平面，参看图 6-33（b）。在"偏移"尺寸编辑框内输入 10，如图 6-34 所示。

（7）单击操控板中的"形状"按钮，展开"形状"面板，参数设置如图 6-35 所示。

图 6-34　设置标准孔的放置位置

（8）预览正确后，单击操控板中的 ✔（绿色）按钮，如图 6-36 所示。

（9）选择步骤 8 创建完成的标准孔特征，选中的特征由红色线框包围，单击工具栏中的 ▦（阵列工具）按钮，弹出阵列操控板。

（10）进行参数设置：单击操控板中的"尺寸"按钮，展开"尺寸"面板，在"尺寸"面板中，鼠标单击"方向 1"尺寸区中的"选取项目"，在图形窗口内，选择（鼠标单击）第 1 方向阵列尺寸（孔轴线与左侧平面的距离），如图 6-37 所示，出现尺寸编辑框，在编辑框中输入该方向的阵列间距 80，设定第 1 方向阵列个数为 2。

（11）用同样的方法，在"尺寸"面板中，鼠标单击"方向 2"尺寸区中的"单击此处添加项目"，在图形窗口内，选择第 2 方向阵列尺寸（孔轴线与前端平面的距离），出现尺

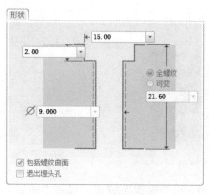

图 6-35　参数设置

图 6-36　创建标准孔

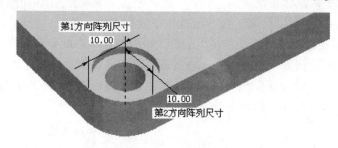

图 6-37　阵列尺寸

寸编辑框，在尺寸编辑框中输入该方向的阵列间距 40，设定第 2 方向阵列个数为 2。

（12）完成参数设置，单击操控板中的 ✔（绿色）按钮，完成阵列，如图 6-38 所示。

（13）单击工具栏中的 ☐（拉伸工具）按钮，弹出拉伸操控板。单击操控板中的"放置"按钮，弹出"放置"面板，单击该面板中的"定义"按钮，弹出"草绘"对话框，选择上顶平面，如图 6-38 所示。单击"草绘"对话框中的"草绘"按钮，进入草绘平面。

（14）在草绘平面中，绘制如图 6-39 所示的草绘截面 2。

（15）单击工具栏中的 ✔（蓝色）按钮，在拉伸深度文本框中输入 30 ，预览正确后，单击操控板中的 ✔（绿色）按钮，如图 6-40 所示。

（16）单击工具栏中的 ⊤（孔工具）按钮，弹出孔特征操控板，单击 ▨（创建标准孔）按钮，弹出标准孔特征操控板，在螺纹系列下拉列表中，选取 ISO 标准螺纹，在螺

纹尺寸下拉列表中，选择 M20×1，在钻孔深度类型中，选择 ▤▌（穿透）和 ▽ （添加埋头孔），去掉 ⊕ （添加攻丝）。

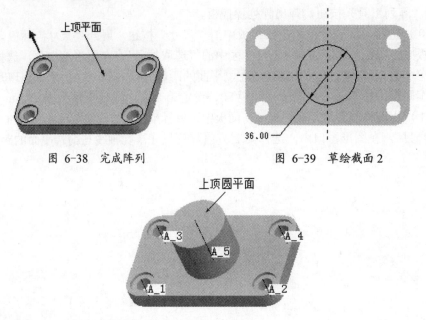

图 6-38　完成阵列　　　　　　图 6-39　草绘截面 2

图 6-40　添加特征

（17）设定标准孔的放置位置：单击操控板中的"放置"按钮，展开"放置"面板，在"放置"面板中，鼠标左键单击"放置"区域中的"无项目"，在图形窗口内，选择特征的上顶圆平面，参看图 6-40，在"线性"下拉列表中，选择"径向"，打开基准轴显示开关 ，鼠标左键单击"偏移参照"空白区域中的"单击此处添加项目"，系统提示：最多选取 2 个参照，例如平面、曲面、边或轴，以定义孔偏移。选择 A_5 基准轴，参看图 6-40，在"半径"尺寸编辑框内输入 0，按住 Ctrl 键，选择 FRONT 基准面，在""角度"尺寸编辑框内输入 0，如图 6-41 所示。

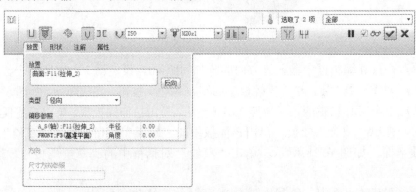

图 6-41　标准孔的放置位置

（18）单击操控板中的"形状"按钮，展开"形状"面板，参数设置如图 6-42 所示。

（19）预览正确后，单击操控板中的 ✔（绿色）按钮，如图 6-43 所示。

（20）保存文件到指定的工作目录下。

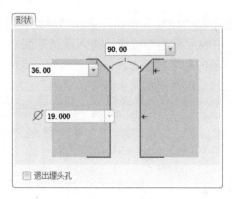

图 6-42　参数设置

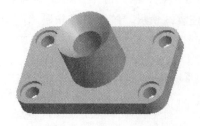

图 6-43　完成标准孔的创建

6.2　壳　特　征

壳特征是一种应用广泛的放置实体特征，该特征是通过挖掉实体特征的内部材料，获得一定厚度的薄壁结构，使用该命令时，各特征的创建顺序非常重要。下面以实例说明创建壳特征的一般过程。

实例 1　儿童碗

（1）"新建"→ 输入文件名称：bowl →"确定"。

（2）单击工具栏中的 （旋转工具）按钮，弹出旋转操控板。单击操控板中的"放置"按钮，弹出"放置"面板，单击该面板中的"定义"按钮，弹出"草绘"对话框。选择 FRONT 基准面，单击"草绘"对话框中的"草绘"按钮，进入草绘平面。

（3）在草绘平面中，绘制如图 6-44 所示的草绘截面 1。

（4）单击工具栏中的 ✔（蓝色）按钮，预览正确后，单击操控板中的 ✔（绿色）按钮，如图 6-45 所示。

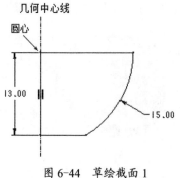

图 6-44　草绘截面 1

图 6-45　基础特征

（5）单击工具栏中的 □（壳工具）按钮，弹出壳特征操控板，系统提示：选取要从零件删除的曲面。在图形窗口内，选择基础特征的圆平面，参看图 6-45，单击操控板中的"参照"按钮，展开"参照"面板，分"移除的曲面"选择区域和"非缺省厚度"选择区域。在操控板厚度编辑框中输入 0.6，如图 6-46 所示。

（6）预览正确后，单击操控板中的 ✔（绿色）按钮，如图 6-47 所示。

（7）单击工具栏中的 ⊕（旋转工具）按钮，弹出旋转操控板。单击操控板中的"放置"按钮，弹出"放置"面板，单击该面板中的"定义"按钮，弹出"草绘"对话框。选择 FRONT 基准面，单击"草绘"对话框中的"草绘"按钮，进入草绘平面。

（8）在草绘平面中，绘制如图 6-48 所示的草绘截面 2。

注意： 使用 （创建相同点、图元上的点或共线约束）命令。

图 6-46　壳特征操控板，"参照"面板

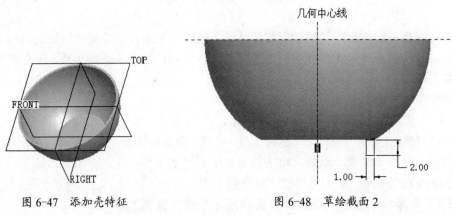

图 6-47　添加壳特征　　　　　图 6-48　草绘截面 2

（9）单击工具栏中的 ✔（蓝色）按钮，预览正确后，单击操控板中的 ✔（绿色）按钮，如图 6-49 所示。

（10）保存文件到指定的工作目录下，圆角将在 6.5 倒圆角特征中讲解。

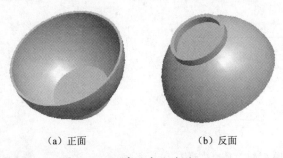

（a）正面　　　　　　（b）反面

图 6-49　儿童碗实体造型

实例 2　组合体

图 6-50 是组合体三视图和实体造型图，使用壳工具练习实体造型。

（1）"新建"→ 输入文件名称："t6-50"→"确定"。

（2）单击工具栏中的 ▱（拉伸工具）按钮，弹出拉伸操控板。单击操控板中的"放置"按钮，弹出"放置"面板，单击该面板中的"定义"按钮，弹出"草绘"对话框。选择 TOP 基准面，单击"草绘"对话框中的"草绘"按钮，进入草绘平面。

（3）在草绘平面中，绘制如图 6-51 所示的草绘截面 1。

（4）单击工具栏中的 ✔（蓝色）按钮，在拉伸深度文本框中输入 9，预览正确后，单击操控板中的 ✔（绿色）按钮，如图 6-52 所示。

（5）单击工具栏中的 ▣（壳工具）按钮，弹出壳特征操控板。在操控板厚度编辑框中输入 3，单击操控板中的"参照"按钮，展开"参照"面板。在"参照"面板中，单击"移出的曲面"区域中的"选取项目"，在图形窗口内，选择基础特征的上顶平面，如图 6-52 所示。按住 Ctrl 键，再选择基础特征的前端平面（移出的曲面，可以选择一个，也可以选择多个），鼠标左键单击"非缺省厚度"区域中的"单击此处添加项目"，系统提示：选取要指定厚度的曲面。在图形窗口中，按住中键并移动鼠标，旋转对象，选择基础特征的后端平面，如图 6-52 所示，在"非缺省厚度"区域中的编辑框内，输入厚度为 5，旋转对象，按住 Ctrl 键，再选择基础特征的下底平面，输入厚度为 4（壳特征可以设置某些面具有非缺省的厚度），参数设置如图 6-53 所示。

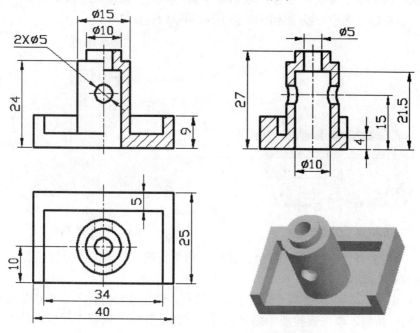

图 6-50　组合体三视图和实体造型图 2

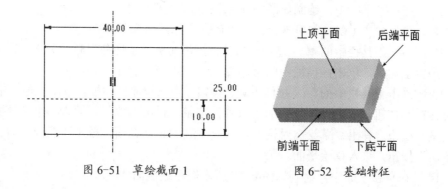

图 6-51　草绘截面 1　　　　　图 6-52　基础特征

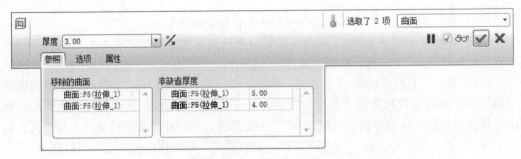

图 6-53　壳特征操控板，"参照"面板

（6）预览正确后，单击操控板中的 ✔（绿色）按钮，如图 6-54 所示。

（7）单击工具栏中的 ⚬（旋转工具）按钮，弹出旋转操控板。单击操控板中的"放置"按钮，弹出"放置"面板，单击该面板中的"定义"按钮，弹出"草绘"对话框。选择 FRONT 基准面，单击"草绘"对话框中的"草绘"按钮，进入草绘平面。

（8）在草绘平面中，绘制如图 6-55 所示的草绘截面 2。

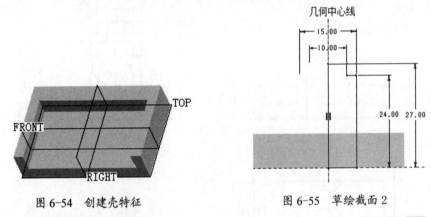

图 6-54　创建壳特征　　　　　　　图 6-55　草绘截面 2

（9）单击工具栏中的 ✔（蓝色）按钮，预览正确后，单击操控板中的 ✔（绿色）按钮，如图 6-56 所示。

（10）单击工具栏中的 ⚬（旋转工具）按钮，弹出旋转操控板。单击操控板中的 ◿（移出材料）按钮，单击操控板中的"放置"按钮，弹出"放置"面板。单击该面板中的"定义"按钮，弹出"草绘"对话框。选择 FRONT 基准面，单击"草绘"对话框中的"草绘"按钮，进入草绘平面。

（11）在草绘平面中，绘制如图 6-57 所示的草绘截面 3。

注意：使用 ⊙（创建相同点、图元上的点或共线约束）命令。

（12）单击工具栏中的 ✔（蓝色）按钮，黄色箭头表示切剪材料的方向，应朝向孔内侧，预览正确后，单击操控板中的 ✔（绿色）按钮，如图 6-58 所示。

（13）单击工具栏中的 ◻（拉伸工具）按钮，弹出拉伸操控板。单击操控板中的 ◿（移出材料）按钮，单击操控板中的"放置"按钮，弹出"放置"面板，单击该面板中的"定义"按钮，弹出"草绘"对话框。选取 FRONT 基准面，单击"草绘"对话框中的"草绘"按钮，进入草绘平面。

（14）在草绘平面中，绘制如图 6-59 所示的草绘截面 4。

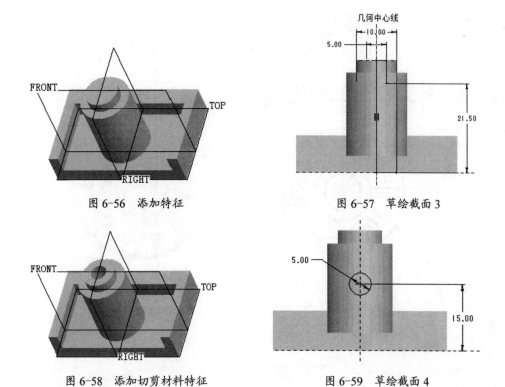

图 6-56　添加特征

图 6-57　草绘截面 3

图 6-58　添加切剪材料特征

图 6-59　草绘截面 4

（15）单击工具栏中的 ✔（蓝色）按钮，黄色箭头的方向应朝向圆孔的内侧（切剪材料的方向），在拉伸深度类型中，选择 ⊟（对称），在拉伸深度编辑框中输入 16（大于 15 即可），预览正确后，单击操控板中的 ✔（绿色）按钮，参看图 6-50 实体造型。

6.3　筋　特　征

筋特征是连接到实体表面的薄翼或腹板伸出项，是机械零件中的重要结构之一，通常用来加固零件，防止零件弯曲变形。筋特征的创建过程与拉伸特征基本相似，不同的是，筋特征的草绘截面只是一条直线，是不封闭的，但必须注意，截面两端必须与接触面对齐。下面以实例说明筋特征创建的一般过程。

实例 1　组合体

图 6-60 为组合体主、俯视图和实体造型图。

（1）"新建" → 输入文件名称："t6-60" → "确定"。

（2）单击工具栏中的 ✧（旋转工具）按钮，弹出旋转操控板。单击操控板中的"放置"按钮，弹出"放置"面板，单击该面板中的"定义"按钮，弹出"草绘"对话框。选择 FRONT 基准面，单击"草绘"对话框中的"草绘"按钮，进入草绘平面。

（3）在草绘平面中，绘制如图 6-61 所示的草绘截面 1。

（4）单击工具栏中的 ✔（蓝色）按钮，预览正确后，单击操控板中的 ✔（绿色）按钮，如图 6-62 所示。

（5）单击工具栏中的 ⊓（孔工具）按钮，弹出孔特征操控板。

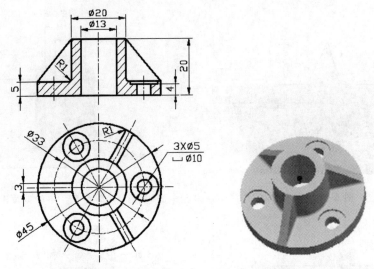

图 6-60　组合体主、俯视图和实体造型图 3

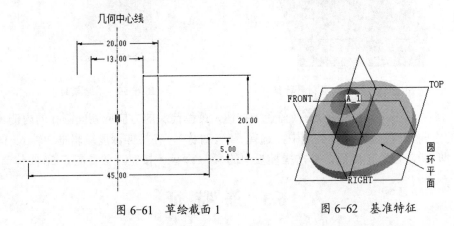

图 6-61　草绘截面 1　　　　　　图 6-62　基准特征

（6）设定孔的放置位置：单击操控板中的"放置"按钮，展开"放置"面板，在"放置"面板中，鼠标左键单击"放置"区域中的"无项目"，在图形窗口内，选择基础特征的圆环平面，参看图 6-62。在"放置"面板的"线性"下拉列表中，选择"直径"选项，鼠标左键单击"偏移参照"空白区域中的"单击此处添加项目"，打开基准轴显示开关 ，选择 A_1 基准轴，在"直径"尺寸编辑框内输入 33，按住 Ctrl 键，选择 FRONT 基准平面，在"角度"尺寸编辑框内输入 0，参数设置如图 6-63 所示。

（7）单击孔特征操控板中的 （使用草绘定义钻孔轮廓）按钮，弹出"草绘定义"孔特征操控板，如图 6-23 所示，再单击操控板中的 （激活草绘器以创建剖面）按钮，系统进入草绘平面，在草绘平面中，绘制如图 6-64 所示的草绘截面 2。

（8）单击工具栏中的 （蓝色）按钮，预览正确后，单击操控板中的 （绿色）按钮，如图 6-65 所示。

（9）选择步骤 8 创建完成的阶梯孔，选中的特征由红色线框包围，单击工具栏中的 （阵列工具）按钮，弹出阵列操控板，选择"尺寸"下拉列表中的"轴"，系统提示：选取基准轴、坐标系轴来定义阵列中心。打开基准轴显示开关 ，选取基础特征的

图 6-63　孔的放置位置

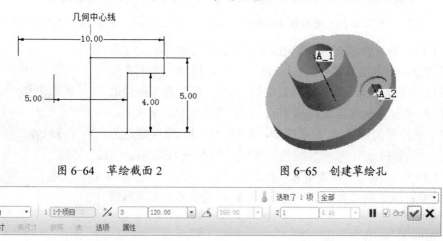

图 6-64　草绘截面 2

图 6-65　创建草绘孔

图 6-66　参数设置

轴线 A_1 基准轴，阵列个数 3，角度增量为 120，参数设置如图 6-66 所示，单击操控板中的 ✔（绿色）按钮，如图 6-67 所示。

（10）单击工具栏中的 ◿（轮廓筋工具）按钮，弹出轮廓筋操控板。单击操控板中的"参照"按钮，展开"参照"面板，单击该面板中的"定义"按钮，弹出"草绘"对话框，系统提示：选取一个平面或曲面以定义草绘平面。选择 FRONT 基准面，单击"草绘"对话框中的"草绘"按钮，进入草绘平面。

（11）在草绘平面中，绘制如图 6-68 所示的草绘截面 3。

注意：使用 ◉（创建相同点、图元上的点或共线约束）命令。

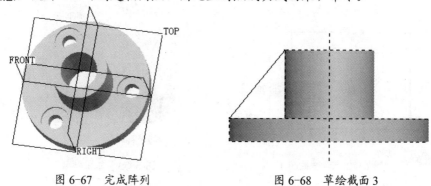

图 6-67　完成阵列

图 6-68　草绘截面 3

（12）单击工具栏中的 ✔（蓝色）按钮，出现的黄色箭头，表示增加材料的方向，图 6-69 为正确的方向，在操控板的厚度编辑框中输入 3。预览正确后，单击操控板中的 ✔（绿色）按钮，如图 6-70 所示。

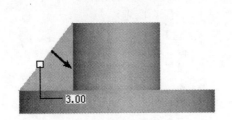

图 6-69　增加材料的方向

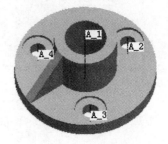

图 6-70　创建筋特征

（13）选择步骤 12 创建完成筋特征，选中的特征由红色线框包围，单击工具栏中的 ▦（阵列工具）按钮，弹出阵列操控板，选择"尺寸"下拉列表中的"轴"，系统提示：选取基准轴、坐标系轴来定义阵列中心。打开基准轴显示开关 ⁄，选取基础特征的轴线 A_1 基准轴，阵列个数 3，角度增量为 120，单击操控板中的 ✔（绿色）按钮，如图 6-71 所示。

（14）保存文件到指定的工作目录下。

注意：组合体的 R1 圆角（铸造圆角），将在 6.5 倒圆角特征中讲解。

图 6-71　完成筋特征阵列

实例 2　轨迹筋工具练习

利用该工具可以一次性创建多条加强筋。该类型筋的轨迹截面可以是多条开放线段，也可以是相互交叉的截面线段。

（1）"新建"→ 输入文件名称：guijijin →"确定"。

（2）单击工具栏中的 ⬚（拉伸工具）按钮，弹出拉伸操控板。单击操控板中的"放置"按钮，弹出"放置"面板，单击该面板中的"定义"按钮，弹出"草绘"对话框。选择 TOP 基准面，单击"草绘"对话框中的"草绘"按钮，进入草绘平面。

（3）在草绘平面中，绘制如图 6-72 所示的草绘截面 1。

（4）单击工具栏中的 ✔（蓝色）按钮，在拉伸深度文本框中输入 15，预览正确后，单击操控板中的 ✔（绿色）按钮，如图 6-73 所示。

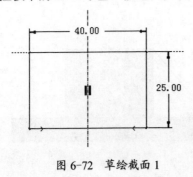

图 6-72　草绘截面 1

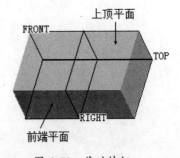

图 6-73　基础特征

（5）单击工具栏中的 □（壳工具）按钮，弹出壳特征操控板。在操控板厚度编辑框中输入 3，单击操控板中的"参照"按钮，展开"参照"面板。在"参照"面板中，单击"移出的曲面"区域中的"选取项目"，在图形窗口内，选择基础特征的上顶平面，如图 6-73 所示。按住 Ctrl 键，再选择基础特征的前端平面（移出的曲面，可以选择一个，也可以选择多个），参数设置如图 6-74 所示。

图 6-74　参数设置

（6）预览正确后，单击操控板中的 ✔（绿色）按钮，如图 6-75 所示。

（7）单击工具栏中的 ▱（基准平面工具）按钮，弹出"基准平面"对话框，选择 TOP 基准面，偏移方向向上，平移距离为 10，参数设置如图 6-76 所示，单击该对话框中的"确定"按钮，如图 6-77 所示。

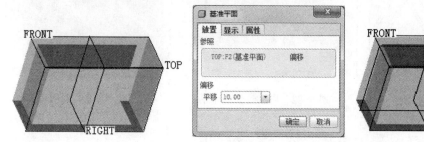
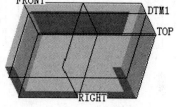

图 6-75　完成壳特征　　　图 6-76　设置基准平面　　　图 6-77　创建 DTM1

（8）单击工具栏中的 ◰（轨迹筋工具）按钮，弹出轨迹筋操控板，如图 6-78 所示。单击操控板中的"放置"按钮，弹出"放置"面板，单击该面板中的"定义"按钮，弹出"草绘"对话框，选择 DTM1 基准面，单击"草绘"对话框中的"草绘"按钮，进入草绘平面。

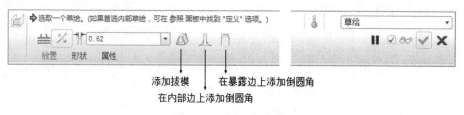

图 6-78　轨迹筋操控板

（9）在草绘平面中，绘制如图 6-79 所示的草绘截面。

注意：使用 ⊕（创建相同点、图元上的点或共线约束）命令。

（10）单击工具栏中的 ✔（蓝色）按钮，在厚度文本框中输入 2，预览正确后，单

击操控板中的 ✔ (绿色) 按钮，如图 6-80 所示。

如果在轨迹筋操控板中只选择 ⬚ (添加拔模) 命令，并设置锥角为 6，TOP 基准面视图，如图 6-81 所示。

如果在轨迹筋操控板中只选择 ⬚ (在内部边上添加倒圆角) 命令，并设置圆角半径为 1，如图 6-82 所示。

如果在轨迹筋操控板中只选择 ⬚ (在暴露边上添加倒圆角) 命令，如图 6-83 所示。

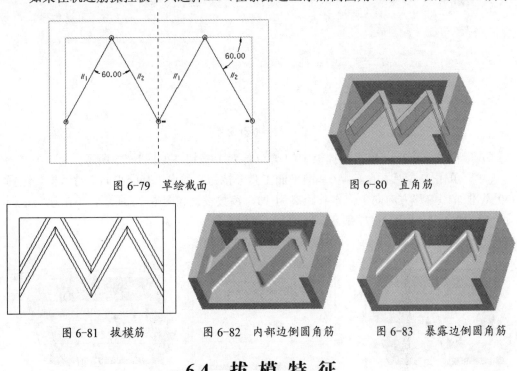

图 6-79　草绘截面　　　　　　　　　　图 6-80　直角筋

图 6-81　拔模筋　　　　图 6-82　内部边倒圆角筋　　　　图 6-83　暴露边倒圆角筋

6.4　拔 模 特 征

铸件造型时，为了便于起模，在铸件内外壁沿着起模方向应有适当的斜度，该斜度称为拔模斜度。在 Pro/E 中，拔模特征就是指这种在模型表面引入的结构斜度。

6.4.1　拔模特征概述

单击工具栏中的 ⬚ (拔模工具) 按钮，也可以选择主菜单中的"插入"→"斜度"命令 (可参看图 6-1)，弹出拔模特征操控板。单击操控板中的"参照"按钮，展开"参照"面板，在"参照"面板中，设置拔模参照，如图 6-84 所示。

创建拔模特征必须指定相应的定形和定位参数。在介绍拔模特征的创建方法之前，首先介绍构建拔模特征的 4 个基本要素。

1. 拔模曲面

在模型上需要加入拔模特征的曲面，是拔模特征的放置参照。

2. 拔模枢轴

可以把拔模特征看作是拔模曲面绕着某直线或曲线旋转一定角度后生成的结构特征。拔模枢轴是创建拔模特征的重要参照之一，用来指定拔模曲面上的中性直线或曲线，

图 6-84   拔模特征操控板和"参照"面板

拔模曲面绕着该直线或曲线旋转生成拔模特征。如果选取平面作为拔模枢轴，拔模曲面围绕其与该平面的交线旋转生成拔模特征。此外，还可以直接选取拔模曲面上的曲线链来定义拔模枢轴。

3．拔模角度

拔模曲面绕着由拔模枢轴所确定的直线或曲线旋转的角度，该角度决定了拔模特征中结构斜度的大小。拔模角度的取值范围为 −30°~30°，该角度的方向可调。调整角度的方向可以决定在创建拔模特征时，是在模型上增加材料还是减少材料，如图 6-85 所示。

4．拖动方向

用来测量拔模角度所用的方向参照。可以选取平面、边、基准轴、两点或坐标系来设置拖动方向。如果选取平面作为拔模枢轴，拖动方向将垂直于该平面。在创建拔模特征时，系统使用箭头表示拖动方向的正向，设计时可根据需要进行调整，如图 6-86 所示。

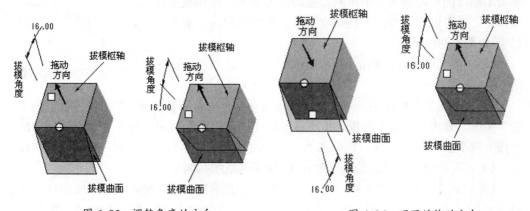

图 6-85   调整角度的方向   图 6-86   不同的拖动方向

6.4.2   创建拔模特征

下面以图 6-87 所示的壳体零件为例，说明创建拔模特征的一般过程。

（1）"新建"→ 输入文件名称："t6-87"→"确定"。

（2）单击工具栏中的 （拉伸工具）按钮，弹出拉伸操控板。单击操控板中的"放置"按钮，弹出"放置"面板，单击该面板中的"定义"按钮，弹出"草绘"对话框。

图 6-87   壳体零件

105

选择 TOP 基准面，单击"草绘"对话框中的"草绘"按钮，进入草绘平面。

（3）在草绘平面中，绘制如图 6-88 所示的草绘截面 1。

（4）单击工具栏中的✔（蓝色）按钮，在拉伸深度文本框中输入 30，预览正确后，单击操控板中的✔（绿色）按钮，标准方向如图 6-89 所示。

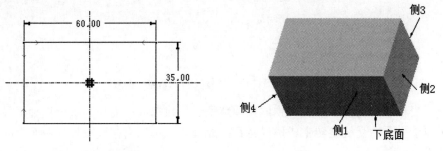

图 6-88　草绘截面 1　　　　　　　　图 6-89　基础特征

（5）单击工具栏中的（拔模工具）按钮，弹出拔模特征操控板，单击"参照"按钮，展开"参照"面板。在"参照"面板中，单击"拔模曲面"区域中的"选取项目"，在图形窗口内，选取侧 1 面，按住 Ctrl 键，依次选取侧 2 面、侧 3 面和侧 4 面(可旋转对象并按住 Ctrl 键进行选取)。单击"拔模枢轴"区域中的"单击此处添加项目"，在图形窗口内，旋转对象，选择基础特征的下底面（参看图 6-89），出现两个拖动图柄，圆形图柄和方形图柄，拖动方形图柄，可调整拔模角度，也可以直接双击拔模角度数值，修改拔模角度值为 15°，如图 6-90 所示。

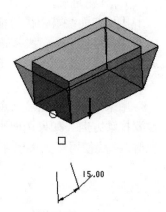

图 6-90　调整拔模角度

（6）预览正确后，单击操控板中的✔（绿色）按钮，如图 6-91 所示。

（7）单击工具栏中的（拉伸工具）按钮，弹出拉伸操控板。单击操控板中的"放置"按钮，弹出"放置"面板。单击该面板中的"定义"按钮，弹出"草绘"对话框，选择上顶平面，参看图 6-91，单击"草绘"对话框中的"草绘"按钮，进入草绘平面。

（8）在草绘平面中，绘制如图 6-92 所示的草绘截面 2。

（9）单击工具栏中的✔（蓝色）按钮，在图形窗口内，旋转对象，增加材料的方向必须与图 6-91 箭头方向一致，在拉伸深度文本框中输入 10，预览正确后，单击操控板中的✔（绿色）按钮，如图 6-93 所示。

（10）单击工具栏中的（壳工具）按钮，弹出壳特征操控板，系统提示：选取要从零件删除的曲面。在图形窗口内，选取特征的 100×60 平面，如图 6-93 所示，在操控板厚度编辑框中输入 2 。

（11）预览正确后，单击操控板中的✔（绿色）按钮，如图 6-94 所示。

（12）保存文件到设置的工作目录下。

注意：壳体零件的铸造圆角，将在 6.5 倒圆角特征中讲解。

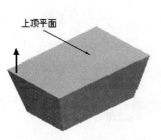

图 6-91　创建拔模特征

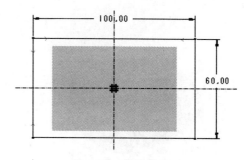

图 6-92　草绘截面 2

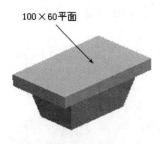

图 6-93　添加特征

图 6-94　创建壳特征

6.5　倒圆角特征

圆角是一种边处理特征。选取模型上的一条或多条边、边链或指定一组曲面作为参照，再指定半径参数即可创建圆角特征。

6.5.1　一般简单圆角

单击工具栏中的 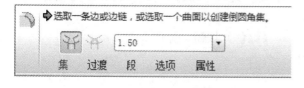（倒圆角工具）按钮，或选择主菜单中的"插入"→"倒圆角"命令（可参看图 6-1），弹出倒圆角操控板，如图 6-95 所示。

图 6-95　倒圆角特征操控板

实例 1　儿童碗倒圆角（bowl）

（1）打开 bowl.prt 文件。

（2）单击工具栏中的 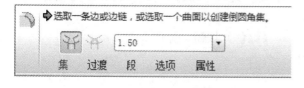（倒圆角工具）按钮，弹出倒圆角操控板，系统提示：选取一条边或边链，或选取一个曲面以创建倒圆角集。在图形窗口内，选择需要倒圆角的边（选取一条边，旋转对象，再按住 Ctrl 键选取其它边），在操控板的半径编辑框内输入 1，如图 6-96 所示。

（3）预览正确后，单击操控板中的 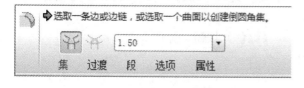（绿色）按钮，如图 6-97 所示。

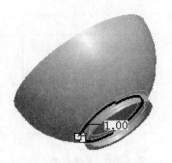

图 6-96　选择需要倒圆角的边　　　　　图 6-97　完成倒圆角 1

（4）单击工具栏中的 （倒圆角工具）按钮，弹出倒圆角操控板，在图形窗口内，选择需要倒圆角的边（选取一条边，旋转对象，再按住 Ctrl 键选取其它边），在操控板的半径编辑框内输入 0.2，如图 6-98 所示。

（5）预览正确后，单击操控板中的 （绿色）按钮，如图 6-99 所示。

（6）保存文件到设置的工作目录下。

图 6-98　选择需要倒圆角的边　　　　　图 6-99　完成倒圆角 2

实例 2　组合体 R1 圆角（t6-60）

（1）打开 t6-60.prt 文件。

（2）单击工具栏中的 （倒圆角工具）按钮，弹出倒圆角操控板，在图形窗口内，选择需要倒圆角的边（选取一条边，旋转对象，再按住 Ctrl 键选取其它边），在操控板的半径编辑框内输入 1，如图 6-100 所示。

（3）预览正确后，单击操控板中的 （绿色）按钮，如图 6-101 所示。

（4）保存文件到设置的工作目录下。

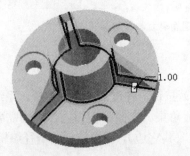

图 6-100　选择需要倒圆角的边　　　　　图 6-101　完成倒圆角

6.5.2 完全圆角

通过指定一对边可创建完全圆角，此时这一对边所构成的曲面被删除，圆角的大小受该曲面限制。下面介绍创建一般完全圆角的过程。

（1）"新建"→ 输入文件名称：wanquan_yuanjiao →"确定"。

（2）单击工具栏中的 （拉伸工具）按钮，弹出拉伸操控板。单击操控板中的"放置"按钮，弹出"放置"面板，单击该面板中的"定义"按钮，弹出"草绘"对话框。选择 FRONT 基准面，单击"草绘"对话框中的"草绘"按钮，进入草绘平面。

（3）在草绘平面中，绘制如图 6-102 所示的草绘截面。

（4）单击工具栏中的 （蓝色）按钮，在拉伸深度类型中选择 （对称），在拉伸深度文本框中输入 60，预览正确后，单击操控板中的 （绿色）按钮，如图 6-103 所示。

（5）单击工具栏中的 （倒圆角工具）按钮，弹出倒圆角操控板。在图形窗口内，选择如图 6-104 所示的两条边线（先选取一条边线，按住 Ctrl 键，再选取另一条边线），单击操控板中的"集"按钮，展开"集"面板，单击该面板中的"完全倒圆角"按钮，参数设置如图 6-105 所示。

（6）预览正确后，单击操控板中的 （绿色）按钮，如图 6-106 所示。

实例 1　壳体零件的铸造圆角（t6-87）

（1）打开 t6-87.prt 文件。

（2）单击工具栏中的 （倒圆角工具）按钮，弹出倒圆角操控板，在图形窗口内，选择需要倒圆角的边（选取一条边，旋转对象，再按住 Ctrl 键选取其它边），在操控板的半径编辑框内输入 2，如图 6-107 所示。

（3）预览正确后，单击操控板中的 （绿色）按钮，如图 6-108 所示。

（4）单击工具栏中的 （倒圆角工具）按钮，弹出倒圆角操控板，在图形窗口内，选择需要倒圆角的边（选取一条边，按住 Ctrl 键，再选取另一条边），图 6-109 所示的两条边，单击操控板中的"集"按钮，展开"集"面板，单击该面板中的"完全倒圆角"按钮。

（5）预览正确后，单击操控板中的 （绿色）按钮，如图 6-87 所示。

（6）保存文件到设置的工作目录下。

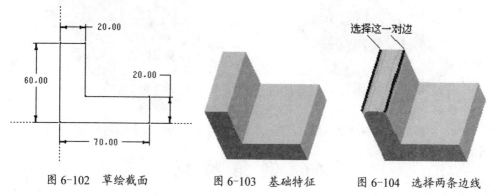

图 6-102　草绘截面　　　　图 6-103　基础特征　　　　图 6-104　选择两条边线

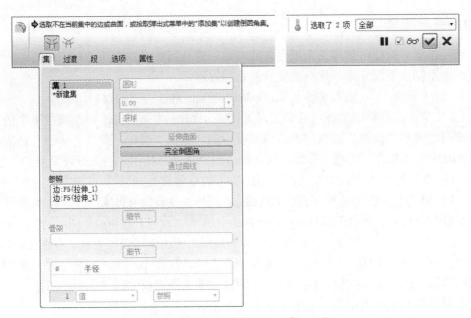

图 6-105　倒圆角操控板和"集"面板

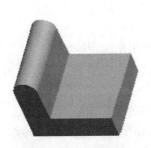

图 6-106　完全倒圆角

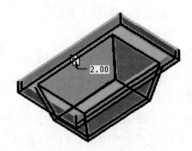

图 6-107　选择需要倒圆角的边

图 6-108　完成倒圆角

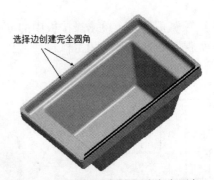

图 6-109　选择边创建完全圆角

6.6　倒角特征

在机械零件设计过程中，为了方便零件的装配，通常在轴和孔的端面进行倒角加工。Pro/E 的倒角特征可以对实体模型的边或拐角进行斜切削加工。

6.6.1　倒角特征概述

选择主菜单中的"插入"→"倒角"命令，如图 6-110 所示的倒角菜单。Pro/E 系统提供了两种倒角方法，其主要区别在于倒角特征放置参照类型的不同。

（1）边倒角：选取实体边线作为倒角特征的放置参照，如图 6-111（a）所示。

（2）拐角倒角：选取实体顶点作为倒角特征的放置参照，如图 6-111（b）所示。

单击工具栏中的 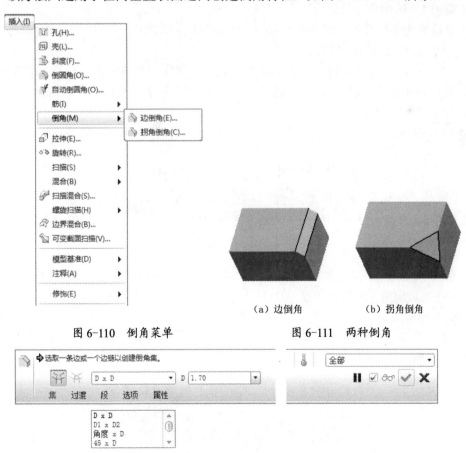（倒角工具）按钮，或选择主菜单中的"插入"→"倒角"→"边倒角"命令，弹出倒角操控板，如图 6-112 所示。

系统提供了 4 种"边倒角"的创建方法：

（1）D×D：在两曲面上距离参照边为 D 处创建倒角特征，是系统的缺省选项，如图 6-113（a）所示。

（2）D1×D2：在一个曲面上距离参照边为 D1、在另一个曲面上距离参照边为 D2 处创建倒角特征，如图 6-113（b）所示。

（3）角度×D：在一个曲面上距离参照边为 D，并且与该曲面成指定的角度创建倒角特征，该方法只适用于在两个平面之间创建倒角特征，如图 6-113（c）所示。

（4）45×D：与两个曲面均成 45°角，且在两曲面上与参照边的距离为 D 处创建倒角特征，该方法只适用于在两垂直表面之间创建倒角特征，如图 6-113（d）所示。

图 6-110　倒角菜单　　　　图 6-111　两种倒角

（a）边倒角　　　（b）拐角倒角

图 6-112　　"倒角"操控板

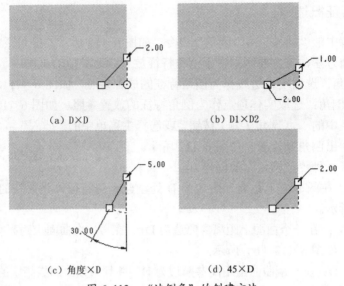

(a) D×D

(b) D1×D2

(c) 角度×D

(d) 45×D

图 6-113   "边倒角"的创建方法

6.6.2   创建倒角特征

实例 1   边倒角

参看第 5 章练习题 2 中的图 5-43（2）轴的实体造型图，对两端 1.5×45°倒角。

（1）打开 t5-43.prt 文件。

（2）单击工具栏中的 按钮，弹出倒角操控板，在 D 编辑框内输入 1.5，在图形窗口内，选取轴的左端面圆周（虽然只选中了半个圆周，但仍会在整个圆周上倒角），如图 6-114 所示。

（3）预览正确后，单击操控板中的 按钮，完成左端面倒角。

图 6-114   选取轴的左端面圆周

（4）单击工具栏中的 按钮，弹出倒角操控板，在 D 编辑框内输入 1.5 ，在"边倒角"的创建方法（D×D 下拉列表）中，选择 45×D ，在图形窗口内，选取轴的右端面圆周。

（5）预览正确后，单击操控板中的 按钮，完成轴左、右端面倒角，如图 6-115 所示。

图 6-115   创建倒角特征

112

（6）保存文件到设置的工作目录下。

实例2　拐角倒角

（1）创建基础特征，如图6-116所示。

（2）选择主菜单中的"插入"→"倒角"→"拐角倒角"命令，弹出"倒角（拐角）：拐角"对话框，如图6-117所示。

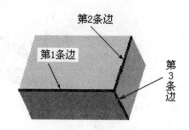

图6-116　拉伸特征

图6-117　倒角（拐角）对话框

（3）在图形窗口内，选取第1条边线，参看图6-116，弹出"菜单管理器"，如图6-118所示。选择"菜单管理器"中的"输入"命令，系统提示：输入沿加亮边标注的长度，在编辑框内输入加亮边的倒角长度15，选取第2条边线，选择"菜单管理器"中的"输入"命令，在编辑框内输入加亮边的倒角长度10，选取第3条边线，选择"菜单管理器"中的"输入"命令，在编辑框内输入加亮边的倒角长度5，单击对话框中的"确定"按钮，完成拐角倒角，如图6-119所示。

图6-118　选择"输入"

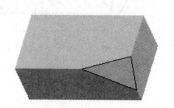

图6-119　完成拐角倒角

练 习 题

1. 参看图6-120组合体视图和实体造型图，使用拉伸、孔特征工具创建组合体。

2. 采用"毫米牛顿秒"单位制，创建长方体20×20×35，然后，根据图6-121标注的尺寸，创建标准螺纹孔M10×1（可参看图6-122）。

3. 参看图6-123，使用拉伸、筋特征工具创建组合体。

4. 使用拉伸、拔模、倒圆角、壳、旋转特征，创建图6-124所示的水盆。

步骤：

拉伸圆柱：直径$\phi 40$，高度20 → 拔模：20°→ 倒圆角R10 → 抽壳，厚度2 → 旋转（增加材料）→ 倒圆角 R2（图6-127处）、R1（其余圆角），参看图6-125、图6-126。

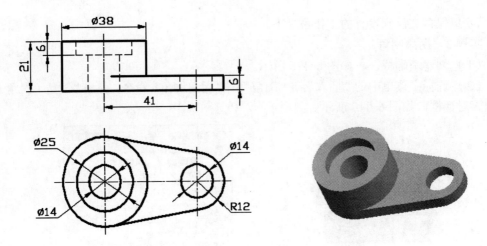

图 6-120　组合体主、俯视图和实体造型图

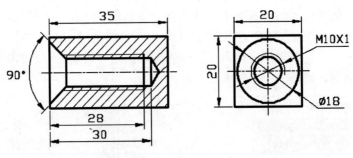

图 6-121　标准螺纹孔 M10×1

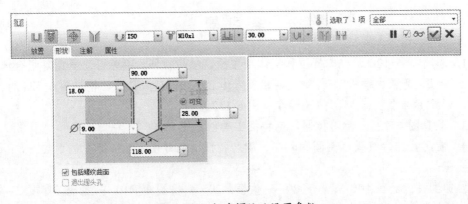

图 6-122　标准螺纹孔设置参数

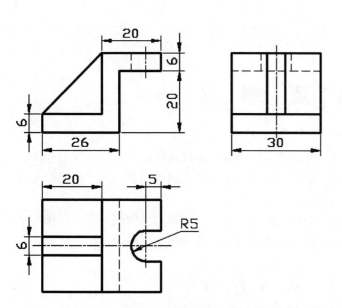

图 6-123 组合体三视图、实体造型图

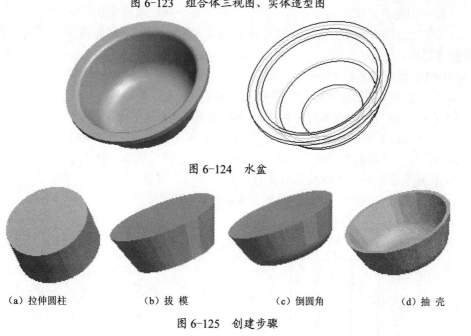

图 6-124 水盆

（a）拉伸圆柱　　　　　（b）拔　模　　　　　（c）倒圆角　　　　　（d）抽　壳

图 6-125 创建步骤

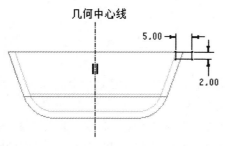

几何中心线

图 6-126 旋转（增加材料）草绘截面

图 6-127 倒圆角 R2

第 7 章 螺 纹

一平面图形（如三角形、矩形、梯形等）绕一圆柱作螺旋运动，形成圆柱螺旋体，工业上称为螺纹，在圆柱外表面加工的螺纹称为外螺纹，在圆柱内表面加工的螺纹称为内螺纹。

在 Pro/E 中，螺纹是用切剪材料的螺旋扫描完成的。螺旋扫描特征可用于向模型中增加材料或减少（切剪）材料，是由草绘截面沿着螺旋线运动而形成的特征。

7.1 螺 纹 修 饰

螺纹修饰是表示螺纹直径的修饰特征，可以是外螺纹或内螺纹，也可以是盲孔或通孔。通过指定螺纹内径或外径（分别对应于外螺纹和内螺纹）、起始曲面和螺纹长度，来创建螺纹修饰。

实例 1　螺纹夹紧套

图 7-1 是螺纹夹紧套视图，按照视图中标注的尺寸，创建实体模型。

（1）"新建"→输入文件名称：13_luowenjiajintao→"确定"。

（2）单击工具栏中的□（拉伸工具）按钮，弹出拉伸操控板。单击操控板中的"放置"按钮，弹出"放置"面板，单击该面板中的"定义"按钮，弹出"草绘"对话框。选择 TOP 基准面，单击"草绘"对话框中的"草绘"按钮，进入草绘平面。

（3）在草绘平面中，绘制如图 7-2 所示的草绘截面。

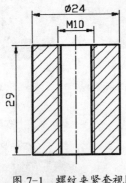

图 7-1　螺纹夹紧套视图

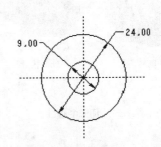

图 7-2　草绘截面

（4）单击工具栏中的✔（蓝色）按钮，在拉伸深度文本框中输入 29，预览正确后，单击操控板中的✔（绿色）按钮，如图 7-3 所示。

（5）选择主菜单中的"插入"→"修饰"→"螺纹"命令，弹出"修饰：螺纹"对话框，如图 7-4 所示。系统提示：选取螺纹曲面，在图形窗口内，选择 φ9 孔的内表面，可参看图 7-3，继续提示：选取螺纹的起始曲面，鼠标左键单击（选取）螺纹起始曲面

（如图 7-3），出现红色箭头（同时弹出"菜单管理器"的"方向"菜单），表示螺纹修饰特征创建的方向，图 7-3 所示的箭头为正确方向，若与图中方向不符，可单击"菜单管理器"中的"反向"。

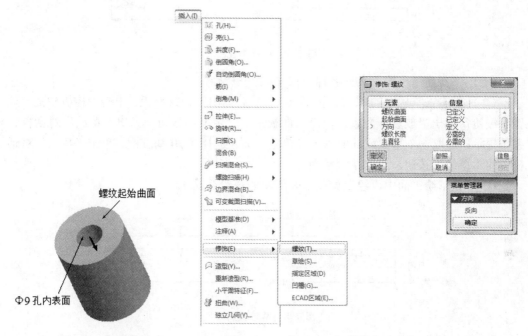

图 7-3　基础特征　　　　图 7-4　"插入"下拉菜单和"修饰：螺纹"对话框

（6）单击"菜单管理器"中的"确定"，弹出"指定到"菜单，依次选择"盲孔"→"完成"，如图 7-5（a）所示，系统提示：输入深度，在编辑框中输入 29，继续提示：输入直径，在编辑框中输入 10，弹出"特征参数"菜单，如图 7-5（b）所示，选择"完成/返回"→单击"修饰：螺纹"对话框中的"确定"按钮，完成螺纹修饰特征，如图 7-6所示。

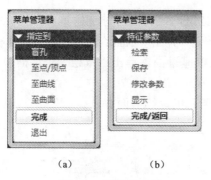

（a）　　　　（b）

图 7-5　菜单管理器

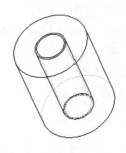

图 7-6　完成螺纹修饰

（7）保存文件到指定的工作目录下。

实例 2　螺杆 2

图 7-7 是螺杆 2 视图，按照视图中标注的尺寸，创建实体模型。

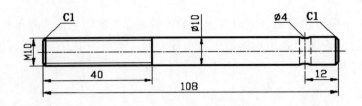

图 7-7 螺杆 2 视图

（1）"新建"→输入文件名称：12_luogan→"确定"。

（2）单击工具栏中的 ⊗（旋转工具）按钮，弹出旋转操控板。单击操控板中的"放置"按钮，弹出"放置"面板，单击该面板中的"定义"按钮，弹出"草绘"对话框，系统提示：选取一个平面或曲面以定义草绘平面。选择 TOP 基准面，单击"草绘"对话框中的"草绘"按钮，进入草绘平面。

（3）在草绘平面中，绘制如图 7-8 所示的草绘截面 1。

图 7-8 草绘截面 1

（4）单击工具栏中的 ✔（蓝色）按钮，预览正确后，单击操控板中的 ✔（绿色）按钮，完成旋转特征的创建，如图 7-9 所示。

图 7-9 基础特征

（5）单击工具栏中的 ⬜（拉伸工具）按钮，弹出拉伸操控板。单击操控板中的 ◁（移除材料）按钮，单击操控板中的"放置"按钮，弹出"放置"面板，单击该面板中的"定义"按钮，弹出"草绘"对话框。选取 TOP 基准面，单击"草绘"对话框中的"草绘"按钮，进入草绘平面。

（6）在草绘平面中，绘制如图 7-10 所示的草绘截面 2。

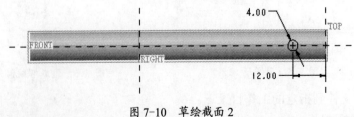

图 7-10 草绘截面 2

（7）单击工具栏中的 ✔（蓝色）按钮，黄色箭头表示切剪材料的方向，应朝向 $\phi 4$ 孔的内侧，在拉伸深度类型中选择 ⬚（对称），在拉伸深度编辑框中输入 10，预览正确

118

后，单击操控板中的 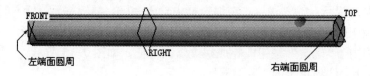 （绿色）按钮，如图 7-11 所示。

图 7-11　完成 $\phi 4$ 孔

（8）单击工具栏中的 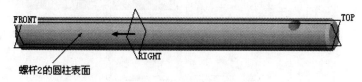 （倒角工具）按钮，弹出倒角操控板，在 D 编辑框内输入 1，在"边倒角"的创建方法（D×D 下拉列表）中，选择 45×D，在图形窗口内，选取螺杆 2 的左端面圆周，按住 Ctrl 键，再选取右端面圆周，预览正确后，单击操控板中的 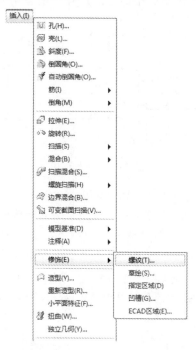 （绿色）按钮，如图 7-12 所示。

图 7-12　完成倒角

（9）选择主菜单中的"插入"→"修饰"→"螺纹"命令，如图 7-13 所示，弹出"修饰：螺纹"对话框，系统提示：选取螺纹曲面，在图形窗口内，选取螺杆 2 的圆柱表面，参看图 7-12，继续提示：选取螺纹的起始曲面，选取 RIGHT 基准面，出现红色箭头，表示螺纹修饰特征创建的方向，图 7-12 所示的箭头为正确方向，若与图中方向不符，可单击"菜单管理器"中的"反向"。

图 7-13　"插入"下拉菜单

（10）单击"菜单管理器"中的"确定"，弹出"指定到"菜单，依次选择"盲孔"→"完成"，系统提示：输入深度，在编辑框中输入39.5，继续提示：输入直径，在编辑框中输入9，弹出"特征参数"菜单，选择"完成/返回"，如图7-14所示→单击"修饰：螺纹"对话框中的"确定"按钮，完成螺纹修饰特征，如图7-15所示。

（11）保存文件到指定的工作目录下。

图7-14 "修饰：螺纹"对话框和菜单管理器

图7-15 完成螺纹修饰

实例3 手把

图7-16是手把视图，按照视图中标注的尺寸，创建实体模型。

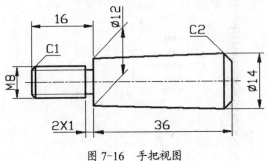

图7-16 手把视图

（1）"新建"→输入文件名称：15_shouba→"确定"。

（2）单击工具栏中的 ⊕ （旋转工具）按钮，弹出旋转操控板。单击操控板中的"放置"按钮，弹出"放置"面板，单击该面板中的"定义"按钮，弹出"草绘"对话框。选择TOP基准面，单击"草绘"对话框中的"草绘"按钮，进入草绘平面。

（3）在草绘平面中，绘制如图7-17所示的草绘截面。

（4）单击工具栏中的 ✔ （蓝色）按钮，预览正确后，单击操控板中的 ✔ （绿色）按钮，完成旋转特征的创建，如图7-18所示。

（5）单击工具栏中的 ＼ （倒角工具）按钮，弹出倒角操控板，在D编辑框内输入1，在图形窗口内，选取基础特征的左端面圆周，可参看图7-18。预览正确后，单击操控板中的 ✔ （绿色）按钮，完成左端面倒角，如图7-19所示。

120

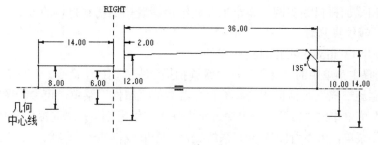

图 7-17　草绘截面

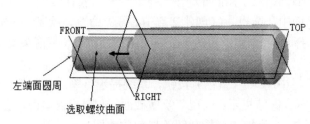

图 7-18　基础特征

图 7-19　完成倒角

（6）选择主菜单中的"插入"→"修饰"→"螺纹"命令，弹出"修饰：螺纹"对话框，系统提示：选取螺纹曲面，在图形窗口内，参看图 7-18，选取螺纹曲面，继续提示：选取螺纹的起始曲面，选取 RIGHT 基准面，出现红色箭头，表示螺纹修饰特征创建的方向，图 7-18 所示的箭头为正确方向，若与图中方向不符，可单击"菜单管理器"中的"反向"。

（7）单击"菜单管理器"中的"确定"，弹出"指定到"菜单，依次选择"盲孔"→"完成"，系统提示：输入深度，在编辑框中输入 13.5，继续提示：输入直径，在编辑框中输入 7，弹出"特征参数"菜单，选择"完成/返回"→单击"修饰：螺纹"对话框中的"确定"按钮，完成螺纹修饰特征，如图 7-20 所示。

（8）保存文件到指定的工作目录下。

图 7-20　完成螺纹修饰

7.2　螺　旋　扫　描

一个截面沿着螺旋轨迹线进行扫描而生成的特征称为螺旋扫描特征。创建螺旋扫描特征需要绘制扫描中心线、扫描轨迹、扫描截面和扫描起始点。第 3 章介绍的圆柱螺旋

121

弹簧是螺旋扫描加材料的实例，本章主要介绍用螺旋扫描切剪材料的方法，创建螺纹。

实例1　螺纹夹紧套

（1）打开 13_luowenjiajintao.prt 文件。

（2）选择主菜单中的"插入"→"螺旋扫描"→"切口"命令，可参看图 3-35，弹出"切剪：螺旋扫描"对话框和"菜单管理器"的"属性"菜单，可参看图 3-36，依次选择"属性"菜单中的"常数"→"穿过轴"→"右手定则"→"完成"命令，弹出"设置草绘平面"菜单，可参看图 3-36，系统提示：选取或创建一个草绘平面，选取 RIGHT基准面（必须选取通过轴线的基准面）→"确定"→"缺省"。

（3）在草绘平面中，选择 ⋮（创建 2 点中心线）命令，绘制一条中心线（与基础特征轴线重合），再选择 ＼（创建 2 点线）命令绘制扫描轨迹（带箭头实线），并标注尺寸，如图 7-21 所示。

（4）单击工具栏中的 ✔（蓝色）按钮，系统提示：输入节距值（螺距），在编辑框内输入 1.5，图形旋转，继续提示：现在草绘横截面，在图形窗口内，绘制螺旋扫描截面，如图 7-22 所示。图 7-23 为螺旋扫描截面的局部放大图。

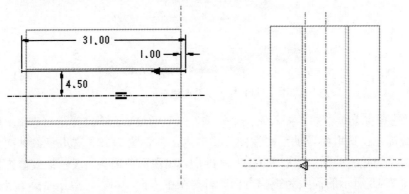

图 7-21　绘制中心线和扫描轨迹　　　　图 7-22　绘制螺旋扫描截面

（5）单击工具栏中的 ✔（蓝色）按钮，出现红色箭头，表示切剪材料方向，图 7-24箭头方向为正确，若方向与图中不符，可选择"方向"菜单中的"反向"。

（6）单击"方向"菜单中的"确定"，单击"切剪：螺旋扫描"对话框中的"确定"按钮，完成螺纹夹紧套实体造型，如图 7-25 所示。

（7）保存文件到指定的工作目录下。

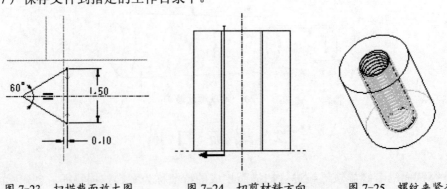

图 7-23　扫描截面放大图　　　　图 7-24　切剪材料方向　　　　图 7-25　螺纹夹紧套

122

实例 2　螺杆 2

（1）打开 12_luogan.prt 文件。

（2）选择主菜单中的"插入"→"螺旋扫描"→"切口"命令，可参看图 3-35，弹出"切剪：螺旋扫描"对话框和"菜单管理器"的"属性"菜单，可参看图 3-36，依次选择"属性"菜单中的"常数"→"穿过轴"→"右手定则"→"完成"命令，弹出"设置草绘平面"菜单，可参看图 3-36，系统提示：选取或创建一个草绘平面，选取 TOP 基准面（必须选取通过轴线的基准面）→"确定"→"缺省"。

（3）在草绘平面中，选择 （创建 2 点中心线）命令，绘制一条中心线（与基础特征轴线重合），再选择 （创建 2 点线）命令绘制扫描轨迹（带箭头实线），并标注尺寸，如图 7-26 所示。

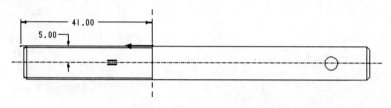

图 7-26　绘制中心线和扫描轨迹

（4）单击工具栏中的 （蓝色）按钮，系统提示：输入节距值（螺距），在编辑框内输入 1.5，图形旋转，继续提示：现在草绘横截面，在图形窗口内，绘制螺旋扫描截面，如图 7-27 所示。图 7-28 为螺旋扫描截面的局部放大图。

（5）单击工具栏中的 （蓝色）按钮，出现红色箭头，表示切剪材料方向，图 7-29 箭头方向为正确，若方向与图中不符，可选择"方向"菜单中的"反向"。

（6）单击"方向"菜单中的"确定"，单击"切剪：螺旋扫描"对话框中的"确定"按钮，完成螺杆 2 实体造型，如图 7-30 所示。

（7）螺纹收尾处理：单击工具栏中的 （草绘工具）按钮，弹出"草绘"对话框，选择 RIGHT 基准面（RIGHT 面垂直于螺杆轴线，且通过螺尾等边三角形截面 1 边的中

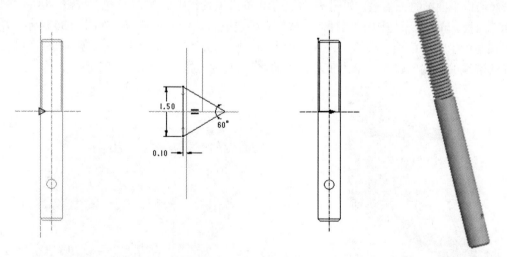

图 7-27　绘制螺旋扫描截面　图 7-28　扫描截面放大图　图 7-29　切剪材料方向　图 7-30　螺杆 2 实体造型

点，即开始螺杆造型时，将螺纹终止线设在 RIGHT 基准面上，且"螺旋扫描"/"切口"扫描轨迹的起始点设在 RIGHT 面上），方向：右，如图 7-31 所示，单击"草绘"对话框中的"草绘"按钮，进入草绘平面。

（8）在草绘平面中，可以先转动实体模型，查看方向和位置，再单击标准工具栏中的 （定向草绘平面使其与屏幕平行）按钮，返回草绘平面，绘制如图 7-32 所示的草绘截面（使用 （通过边创建图元）命令，圆弧的中心角 135°，起始点在螺尾等边三角形截面 1 边的中点）。

图 7-31　"草绘"对话框

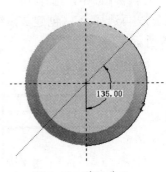

图 7-32　草绘截面

（9）转动实体观察正确后，单击工具栏中的 （蓝色）按钮，完成轨迹线的创建，如图 7-33 所示。

（10）选择主菜单中的"插入"→"扫描混合"命令，弹出扫描混合操控板，系统提示：选取最多两个链作为扫描混合的轨迹。在图形窗口内，选择步骤 9 创建完成的轨迹线，单击操控板中的 （创建一个实体）按钮，单击操控板中的 （移除材料）按钮，单击操控板中的"截面"按钮，展开"截面"面板，系统提示：选取点或顶点定位截面。在图形窗口内，选择轨迹线的起始点，如图 7-34 所示。单击"截面"面板中的"草绘"按钮，进入草绘平面，转动实体模型，使用 （通过边创建图元）命令，选取等边三角形（切口平面）的三条边，如图 7-35 所示，单击工具栏中的 （蓝色）按钮，返回"截面"面板。单击该面板中的"插入"按钮，再选取轨迹线的末端点，如图 7-36 所示，单击该面板中的"草绘"按钮，进入草绘平面，转动实体模型，使用 （创建点）命令，在轨迹线的末端创建点，单击工具栏中的 （蓝色）按钮，如图 7-37 所示。

图 7-33　扫描混合轨迹线

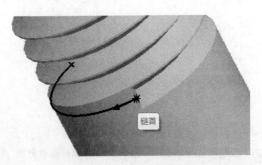

图 7-34　选择轨迹起始点

124

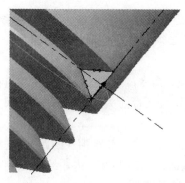

图 7-35　选取等边三角形的三条边

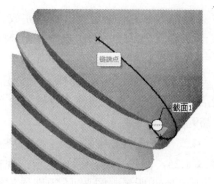

图 7-36　选取轨迹线的末端点

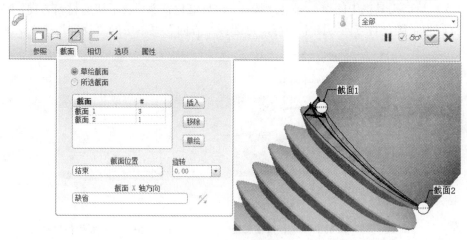

图 7-37　扫描混合操控板

（11）预览正确后，单击操控板中的 （绿色）按钮，隐藏草绘轨迹线，如图 7-38 所示。

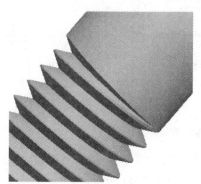

图 7-38　完成扫描混合（螺纹收尾）

（12）保存文件到指定的工作目录下。

实例 3　手把

（1）打开 15_shouba.prt 文件。

（2）选择主菜单中的"插入"→"螺旋扫描"→"切口"命令，弹出"切剪：螺旋扫描"对话框和"菜单管理器"的"属性"菜单，依次选择"属性"菜单中的"常数"

→"穿过轴"→"右手定则"→"完成"命令，弹出"设置草绘平面"菜单，系统提示：选取或创建一个草绘平面，选取 FRONT 基准面（必须选取通过轴线的基准面）→"确定"→"缺省"。

（3）在草绘平面中，选择 ⋮（创建 2 点中心线）命令，绘制一条中心线（与特征轴线重合），再选择 ＼（创建 2 点线）命令绘制扫描轨迹（带箭头实线），并标注尺寸，如图 7-39 所示。

（4）单击工具栏中的 ✔（蓝色）按钮，系统提示：输入节距值（螺距），在编辑框内输入 1.25，图形旋转，继续提示：现在草绘横截面，在图形窗口内，绘制螺旋扫描截面，如图 7-40 所示。图 7-41 为螺旋扫描截面的局部放大图。

（5）单击工具栏中的 ✔（蓝色）按钮，出现红色箭头，表示切剪材料方向，图 7-42 箭头方向为正确，若方向与图中不符，可选择"方向"菜单中的"反向"。

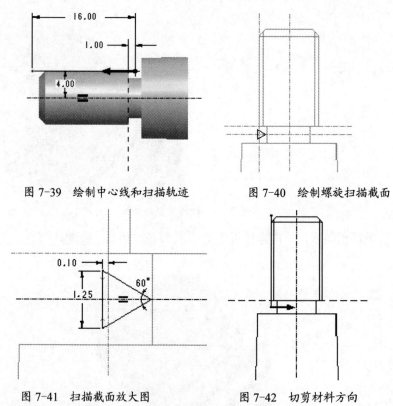

图 7-39　绘制中心线和扫描轨迹　　　　图 7-40　绘制螺旋扫描截面

图 7-41　扫描截面放大图　　　　图 7-42　切剪材料方向

（6）单击"方向"菜单中的"确定"，单击"切剪：螺旋扫描"对话框中的"确定"按钮，完成螺杆 2 实体造型，如图 7-43 所示。

图 7-43　手把实体造型

（7）保存文件到设置的工作目录下。

7.2.1 螺杆1

图 7-44 是螺杆 1 视图，按照视图中标注的尺寸，创建实体模型。

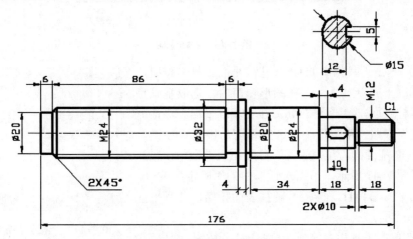

图 7-44　螺杆 1 视图

（1）"新建"→输入文件名称：7_luogan→"确定"。

（2）单击工具栏中的 （旋转工具）按钮，弹出旋转操控板。单击操控板中的"放置"按钮，弹出"放置"面板，单击该面板中的"定义"按钮，弹出"草绘"对话框，选择 FRONT 基准面，单击"草绘"对话框中的"草绘"按钮，进入草绘平面。

（3）在草绘平面中，绘制如图 7-45 所示的草绘截面 1。

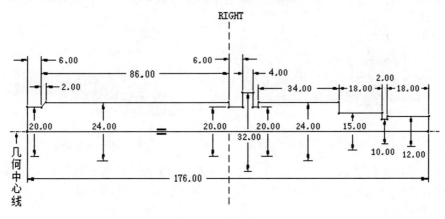

图 7-45　草绘截面 1

（4）单击工具栏中的 （蓝色）按钮，预览正确后，单击操控板中的 （绿色）按钮，完成旋转特征的创建，如图 7-46 所示。

（5）单击工具栏中的 （倒角工具）按钮，弹出倒角操控板，在 D 编辑框内输入 1，在图形窗口内，选取基础特征的右端面圆周，参看图 7-46，预览正确后，单击操控板中的 （绿色）按钮，完成倒角。

127

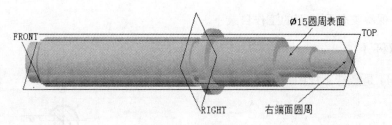

图 7-46　基础特征

（6）单击工具栏中的　（基准平面工具）按钮，弹出"基准平面"对话框，在图形窗口内，选取基础特征ϕ15圆柱表面，参看图7-46。在"基准平面"对话框的"放置"参照约束类型中，选择相切，按住 Ctrl 键，再选取 TOP 基准面，在"放置"参照约束类型中，选择平行，如图 7-47 所示，单击对话框中的"确定"按钮，建立基准平面 DTM1，与ϕ15 圆柱表面相切，并且平行于 TOP 基准面。

图 7-47　"基准平面"对话框

（7）单击工具栏中的　（拉伸工具）按钮，弹出"拉伸"操控板。单击操控板中的　（移除材料）按钮，单击操控板中的"放置"按钮，弹出"放置"面板，单击该面板中的"定义"按钮，弹出"草绘"对话框。选取 DTM1 基准平面，出现的黄色箭头，表示查看草绘平面的方向，如图 7-48 所示（若与图中不符，可单击"草绘"对话框中的"反向"按钮）。单击"草绘"对话框中的"草绘"按钮，进入草绘平面。

（8）在草绘平面中，绘制如图 7-49 所示的草绘截面 2。

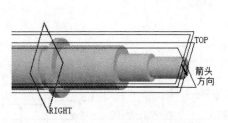

图 7-48　切剪材料的方向

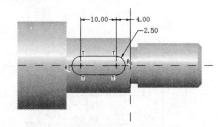

图 7-49　草绘截面 2

（9）单击工具栏中的（　蓝色）按钮，黄色箭头表示切剪材料的方向，应朝向键槽的内侧，在拉伸深度编辑框中输入 3，预览正确后，单击操控板中的　（绿色）按钮，如图 7-50 所示。

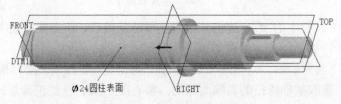

图 7-50　完成倒角和键槽

（10）选择主菜单中的"插入"→"修饰"→"螺纹"命令，弹出"修饰：螺纹"

128

对话框，系统提示：选取螺纹曲面，在图形窗口内，选取 φ24 圆柱表面，参看图 7-50，继续提示：选取螺纹的起始曲面，选取 RIGHT 基准面，出现红色箭头，表示螺纹修饰特征创建的方向，图 7-50 所示的箭头为正确方向，若与图中方向不符，可单击"菜单管理器"中的"反向"。

（11）单击"菜单管理器"中的"确定"，弹出"指定到"菜单，依次选择"盲孔"→"完成"，系统提示：输入深度，在编辑框中输入 85，继续提示：输入直径，在编辑框中输入 22，弹出"特征参数"菜单，选择"完成/返回"→单击"修饰：螺纹"对话框中的"确定"按钮，完成螺纹修饰特征。

（12）选择主菜单中的"插入"→"螺旋扫描"→"切口"命令，弹出"切剪：螺旋扫描"对话框和"菜单管理器"的"属性"菜单，依次选择"属性"菜单中的"常数"→"穿过轴"→"右手定则"→"完成"命令，弹出"设置草绘平面"菜单，系统提示：选取或创建一个草绘平面，选取 TOP 基准面（必须选取通过轴线的基准面）→"确定"→"缺省"。

（13）在草绘平面中，选择 ┆（创建 2 点中心线）命令，绘制一条中心线（与特征轴线重合），再选择 ＼（创建 2 点线）命令绘制扫描轨迹（带箭头实线），并标注尺寸，如图 7-51 所示。

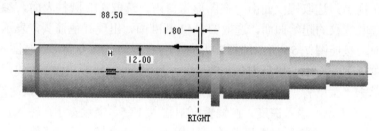

图 7-51　绘制中心线和扫描轨迹

（14）单击工具栏中的 ✔（蓝色）按钮，系统提示：输入节距值（螺距），在编辑框内输入 3，图形旋转，继续提示：现在草绘横截面，在图形窗口内，绘制螺旋扫描截面，如图 7-52 所示。图 7-53 为螺旋扫描截面的局部放大图。

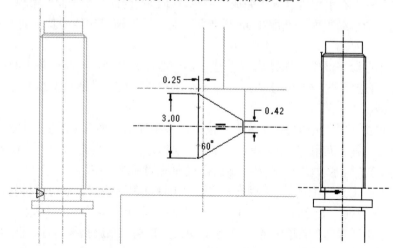

图 7-52　绘制螺旋扫描截面　　图 7-53　扫描截面放大图　　图 7-54　切剪材料方向

129

（15）单击工具栏中的 ✔（蓝色）按钮，出现红色箭头，表示切剪材料方向，图 7-54 箭头方向为正确，若方向与图中不符，可选择"方向"菜单中的"反向"。

（16）单击"方向"菜单中的"确定"，单击"切剪：螺旋扫描"对话框中的"确定"按钮，如图 7-55 所示。

（17）单击工具栏中的 ▱（基准平面工具）按钮，弹出"基准平面"对话框，选择 RIGHT 基准面，出现的黄色箭头表示基准面偏移的方向，在该对话框的"平移"编辑框中输入 66，单击对话框中的"确定"，建立 DTM2 基准面，与 RIGHT 基准面平行且距离为 66，参看图 7-55。

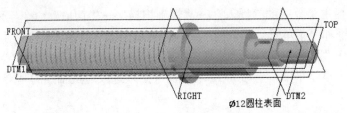

图 7-55　完成 M24

（18）选择主菜单中的"插入"→"修饰"→"螺纹"命令，弹出"修饰：螺纹"对话框，系统提示：选取螺纹曲面，在图形窗口内，选取 ϕ12 圆柱表面，参看图 7-55，继续提示：选取螺纹的起始曲面，选取 DTM2 基准面，出现红色箭头，表示螺纹修饰特征创建的方向，按照图 7-55 所示的标准方向，向右侧为正确方向，若与图中方向不符，可单击"菜单管理器"中的"反向"。

（19）单击"菜单管理器"中的"确定"，弹出"指定到"菜单，依次选择"盲孔"→"完成"，系统提示：输入深度，在编辑框中输入 17.5，继续提示：输入直径，在编辑框中输入 11，统弹出"特征参数"菜单，选择"完成/返回"。单击"修饰：螺纹"对话框中的"确定"按钮，完成螺纹修饰特征。

（20）选择主菜单中的"插入"→"螺旋扫描"→"切口"命令，弹出"切剪：螺旋扫描"对话框和"菜单管理器"的"属性"菜单，依次选择"属性"菜单中的"常数"→"穿过轴"→"右手定则"→"完成"命令，弹出"设置草绘平面"菜单，系统提示：选取或创建一个草绘平面，选取 TOP 基准面（必须选取通过轴线的基准面）→"确定"→"缺省"。

（21）在草绘平面中，选择 ⁝（创建 2 点中心线）命令，绘制一条中心线（与特征轴线重合），再选择 ＼（创建 2 点线）命令绘制扫描轨迹（带箭头实线），并标注尺寸，如图 7-56 所示。

（22）单击工具栏中的 ✔（蓝色）按钮，系统提示：输入节距值（螺距），在编辑框内输入 1.75，图形旋转，继续提示：现在草绘横截面，在图形窗口内，绘制螺旋扫描截面，如图 7-57 所示。图 7-58 为螺旋扫描截面的局部放大图。

（23）单击工具栏中的 ✔（蓝色）按钮，出现红色箭头，表示切剪材料方向，可参看图 7-54 箭头方向，若方向与图中不符，可选择"方向"菜单中的"反向"。

（24）单击"方向"菜单中的"确定"，单击"切剪：螺旋扫描"对话框中的"确定"按钮，完成螺杆 1 实体造型，如图 7-59 所示。

（25）保存文件到设置的工作目录下。

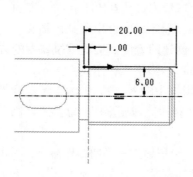

图 7-56　绘制中心线和扫描轨迹

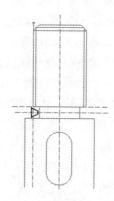

图 7-57　绘制螺旋扫描截面

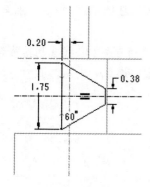

图 7-58　扫描截面放大图

图 7-59　螺杆 1 实体造型

7.2.2　螺母 M12 GB6170—86

（1）"新建"→输入文件名称：luomu12→"确定"。

（2）单击工具栏中的 （拉伸工具）按钮，弹出拉伸操控板。单击操控板中的"放置"按钮，弹出"放置"面板，单击该面板中的"定义"按钮，弹出"草绘"对话框。选择 TOP 基准面，单击"草绘"对话框中的"草绘"按钮，进入草绘平面。

（3）在草绘平面中，绘制如图 7-60 所示的草绘截面 1。

（4）单击工具栏中的 ✔（蓝色）按钮，在拉伸深度文本框中输入 12，预览正确后，单击操控板中的 ✔（绿色）按钮，如图 7-61 所示。

图 7-60　草绘截面 1

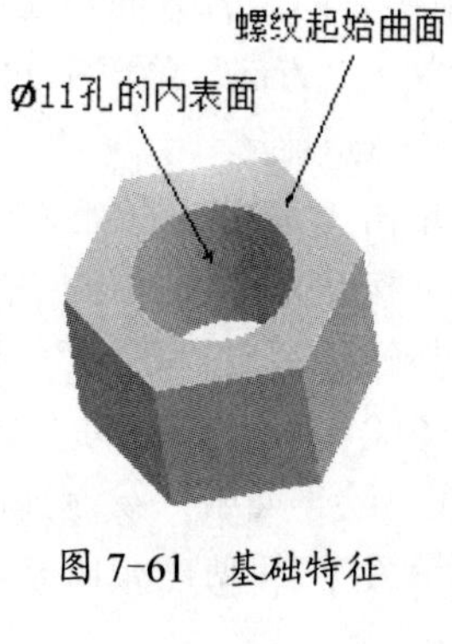

图 7-61　基础特征

131

（5）选择主菜单中的"插入"→"修饰"→"螺纹"命令，弹出"修饰：螺纹"对话框，系统提示：选取螺纹曲面，在图形窗口内，选择ϕ11孔的内表面，参看图7-61，继续提示：选取螺纹的起始曲面，选取螺纹起始曲面，出现红色箭头，弹出"菜单管理器"的"方向"菜单，表示螺纹修饰特征创建的方向，接受系统缺省的方向。

（6）单击"菜单管理器"中的"确定"，弹出"指定到"菜单，依次选择"盲孔"→"完成"，系统提示：输入深度，在编辑框中输入 12，继续提示：输入直径，在编辑框中输入 12，弹出"特征参数"菜单，选择"完成/返回"。单击"修饰：螺纹"对话框中的"确定"按钮，完成螺纹修饰特征。

（7）选择主菜单中的"插入"→"螺旋扫描"→"切口"命令，弹出"切剪：螺旋扫描"对话框和"菜单管理器"的"属性"菜单，依次选择"属性"菜单中的"常数"→"穿过轴"→"右手定则"→"完成"命令，弹出"设置草绘平面"菜单，系统提示：选取或创建一个草绘平面，选取 RIGHT 基准面（必需选取通过轴线的基准面）→"确定"→"缺省"。

（8）在草绘平面中，选择 ┋（创建 2 点中心线）命令，绘制一条中心线（与特征轴线重合），再选择 ＼（创建 2 点线）命令绘制扫描轨迹（带箭头实线），并标注尺寸，如图 7-62 所示。

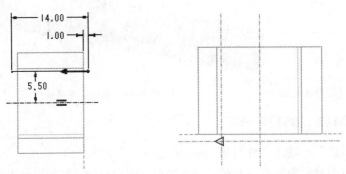

图 7-62　绘制中心线和扫描轨迹　　　图 7-63　绘制螺旋扫描截面

（9）单击工具栏中的 ✔（蓝色）按钮，系统提示：输入节距值（螺距），在编辑框内输入 1.75，图形旋转，继续提示：现在草绘横截面，在图形窗口内，绘制螺旋扫描截面，如图7-63 所示。图 7-64 为螺旋扫描截面的局部放大图。

（10）单击工具栏中的 ✔（蓝色）按钮，出现红色箭头，表示切剪材料方向，可参看图7-24 箭头方向，若方向与图中不符，可选择"方向"菜单中的"反向"。

（11）单击"方向"菜单中的"确定"，单击"切剪：螺旋扫描"对话框中的"确定"按钮，如图 7-65 所示。

（12）单击工具栏中的 ❀（旋转工具）按钮，弹出旋转操控板。单击操控板中的 ◿（移除材料）按钮，单击操控板中的"放置"按钮，弹出"放置"面板，单击该面板中的"定义"按钮，弹出"草绘"对话框。选择 RIGHT 基准面，方向：顶，如图 7-66 所示，单击"草绘"对话框中的"草绘"按钮，进入草绘平面。

（13）在草绘平面中，绘制如图 7-66 所示的草绘截面 2。

注意：使用 ◉（创建相同点、图元上的点或共线约束）命令。

132

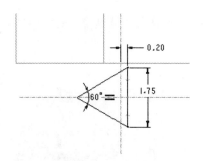

图 7-64 扫描截面放大图

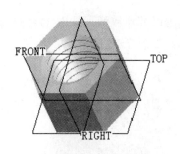

图 7-65 完成螺旋扫描

图 7-66 "草绘"对话框

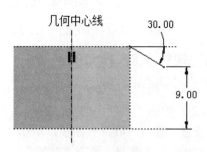

图 7-67 草绘截面 2

（14）单击工具栏中的 ✔（蓝色）按钮，黄色箭头表示切剪材料的方向（应朝向螺母外侧），如图 7-68 所示，若箭头方向与图中不符，可单击操控板中的 ⁄ 按钮，改变方向）。预览正确后，单击操控板中的 ✔（绿色）按钮，如图 7-69 所示。

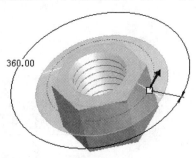

图 7-68 切剪材料方向

图 7-69 完成旋转切剪材料

（15）单击工具栏中的 ▱（基准平面工具）按钮，弹出"基准平面"对话框。选择 TOP 基准面，出现的黄色箭头表示基准面偏移的方向，在该对话框的"平移"编辑框中输入 6，单击对话框中的"确定"，建立 DTM1 基准面，与 TOP 基准面平行且距离为 6，如图 7-70 所示。

（16）选择主菜单上的"编辑"→"特征操作"命令，弹出"菜单管理器"，选取"复制"命令，弹出"复制特征"菜单，选取"镜像"→"独立"→"完成"，弹出"选取特征"菜单，系统提示：选择要镜像的特征。在图形窗口内，鼠标左键单击（选择）需要镜像的特征，选择步骤 14 完成的"旋转切剪材料"特征（可以在模型树中选取"旋转 1"），选中的特征由红色线框包围，选择菜单中的"完成"命令，系统提示：选择一个平面或

133

创建一个基准以其作镜像。选取 DTM1 基准面，单击"菜单管理器"中的"完成"，完成镜像操作，如图 7-71 所示。

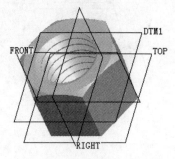

图 7-70　创建 DTM1 基准面

图 7-71　完成镜像

（17）保存文件到指定的工作目录下。

7.2.3　螺钉 M8×20 GB70—85

（1）"新建"→输入文件名称：luoding8-20→"确定"。

（2）单击工具栏中的 ↔（旋转工具）按钮，弹出旋转操控板。单击操控板中的"放置"按钮，弹出"放置"面板，单击该面板中的"定义"按钮，弹出"草绘"对话框。选择 FRONT 基准面，单击"草绘"对话框中的"草绘"按钮，进入草绘平面。

（3）在草绘平面中，绘制如图 7-72 所示的草绘截面 1。

（4）单击工具栏中的 ✔（蓝色）按钮，预览正确后，单击操控板中的 ✔（绿色）按钮，完成旋转特征的创建，如图 7-73 所示。

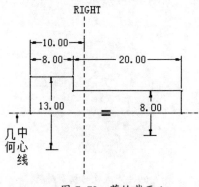

图 7-72　草绘截面 1

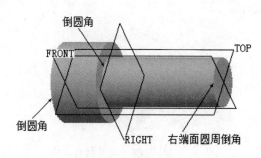

图 7-73　基础特征

（5）单击工具栏中的 ＼（倒角工具）按钮，弹出倒角操控板，在 D 编辑框内输入 0.5，在图形窗口内，选取基础特征的右端面圆周，可参看图 7-73，预览正确后，单击操控板中的 ✔（绿色）按钮，完成右端面倒角。

（6）单击工具栏中的 ＼（倒圆角工具）按钮，弹出倒圆角操控板，在操控板的半径编辑框内，输入圆角半径为 0.5，在图形窗口内，选择需要倒圆角处（2 处，按住 Ctrl 键选取），可参看图 7-73。预览正确后，单击操控板中的 ✔（绿色）按钮，完成倒圆角，如图 7-74 所示。

（7）选择主菜单中的"插入"→"修饰"→"螺纹"命令，弹出"修饰：螺纹"对话框，系统提示：选取螺纹曲面。在图形窗口内，选择$\phi 8$圆柱表面，可参看图7-74，继续提示：选取螺纹的起始曲面。选取RIGHT基准面，出现红色箭头，表示螺纹修饰特征创建的方向，图7-74箭头为正确方向，若与图中方向不符，可单击"方向"菜单中的"反向"。

（8）单击"菜单管理器"中的"确定"，弹出"指定到"菜单，依次选择"盲孔"→"完成"，系统提示：输入深度，在编辑框中输入18，继续提示：输入直径，在编辑框中输入7，弹出"特征参数"菜单，选择"完成/返回"→单击"修饰：螺纹"对话框中的"确定"按钮，完成螺纹修饰特征。

（9）选择主菜单中的"插入"→"螺旋扫描"→"切口"命令，弹出"切剪：螺旋扫描"对话框和"菜单管理器"的"属性"菜单，依次选择"属性"菜单中的"常数"→"穿过轴"→"右手定则"→"完成"命令，弹出"设置草绘平面"菜单，系统提示：选取或创建一个草绘平面，选取FRONT基准面（必须选取通过轴线的基准面）→"确定"→"缺省"。

（10）在草绘平面中，选择（ 创建2点中心线）命令，绘制一条中心线（与特征轴线重合），再选择 （创建2点线）命令绘制扫描轨迹（带箭头实线），并标注尺寸，如图7-75所示。

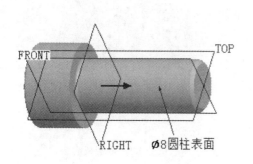

图7-74　完成倒角、倒圆角

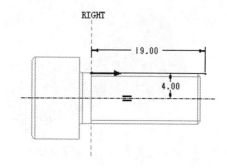

图7-75　绘制中心线和扫描轨迹

（11）单击工具栏中的 （蓝色）按钮，系统提示：输入节距值（螺距），在编辑框内输入1.25，图形旋转，继续提示：现在草绘横截面，在图形窗口内，绘制螺旋扫描截面，如图7-76所示。图7-77为螺旋扫描截面的局部放大图。

（12）单击工具栏中的 （蓝色）按钮，出现红色箭头，表示切剪材料方向，如图7-78箭头方向，若方向与图中不符，可选择"方向"菜单中的"反向"。

（13）单击"方向"菜单中的"确定"，单击"切剪：螺旋扫描"对话框中的"确定"按钮，如图7-79所示。

（14）螺纹收尾处理：单击工具栏中的 （草绘工具）按钮，弹出"草绘"对话框，选择RIGHT基准面，方向：右，参看图7-31，单击"草绘"对话框中的"草绘"按钮，进入草绘平面。

（15）在草绘平面中，可以先转动实体模型，查看方向和位置，再单击标准工具栏中的 （定向草绘平面使其与屏幕平行）按钮，返回草绘平面，绘制如图7-80所示的草绘截面2（使用 （通过边创建图元）命令，圆弧的中心角135°，起始点在螺尾等边三角形截面1边的中点）。

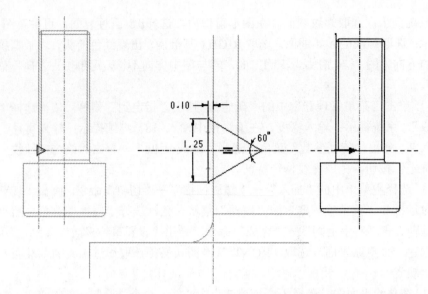

图 7-76 绘制螺旋扫描截面　　图 7-77 扫描截面放大图　　图 7-78 切剪材料方向

图 7-79 完成螺旋扫描

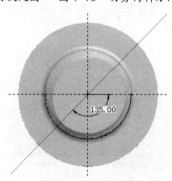

图 7-80 草绘截面 2

（16）转动实体观察正确后，单击工具栏中的 ✔（蓝色）按钮，完成轨迹线的创建，如图 7-81 所示。

（17）选择主菜单中的"插入"→"扫描混合"命令，弹出扫描混合操控板，系统提示：选取最多两个链作为扫描混合的轨迹。在图形窗口内，选择步骤 16 创建完成的轨迹线，单击操控板中的 □（创建一个实体）按钮，单击操控板中的 ◢（移除材料）按钮，单击操控板中的"截面"按钮，展开"截面"面板，系统提示：选取点或顶点定位截面。在图形窗口内，选择轨迹线的起始点，如图 7-82 所示。单击"截面"面板中的"草绘"按钮，进入草绘平面，转动实体模型，使用 □（通过边创建图元）命令，选取等边三角形（切口平面）的三条边，如图 7-83 所示，单击工具栏中的 ✔（蓝色）按钮，返回"截面"面板，单击该面板中的"插入"按钮，再选取轨迹线的末端点，如图 7-84 所示，单击该面板中的"草绘"按钮，进入草绘平面，转动实体模型，使用 ✕（创建点）命令，在轨迹线的末端创建点，单击工具栏中的 ✔（蓝色）按钮，如图 7-85 所示。

（18）预览正确后，单击操控板中的 ✔（绿色）按钮，隐藏草绘轨迹线，如图 7-86 所示。

图 7-81　扫描混合轨迹线

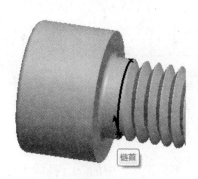

图 7-82　选择轨迹起始点

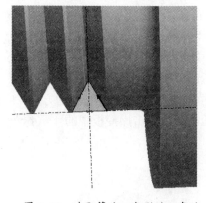

图 7-83　选取等边三角形的三条边

图 7-84　选取轨迹线的末端点

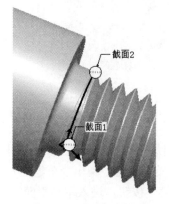

图 7-85　创建扫描混合

图 7-86　完成扫描混合（螺纹收尾）

（19）单击工具栏中的 ⚙（旋转工具）按钮，弹出旋转操控板。单击操控板中的 ◁（移除材料）按钮，单击操控板中的"放置"按钮，弹出"放置"面板，单击该面板中的"定义"按钮，弹出"草绘"对话框。选择 FRONT 基准面，单击"草绘"对话框中的"草绘"按钮，进入草绘平面。

（20）在草绘平面中，绘制如图 7-87 所示的草绘截面 3。

（21）单击工具栏中的 ✔（蓝色）按钮，黄色箭头表示切剪材料的方向（应朝向盲孔内侧），预览正确后，单击操控板中的 ✔（绿色）按钮，如图 7-88 所示。

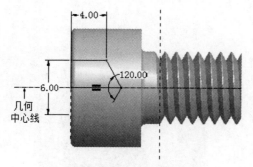

图 7-87　草绘截面 3

图 7-88　完成盲孔

（22）单击工具栏中的 （拉伸工具）按钮，弹出拉伸操控板。单击操控板中的 （移除材料）按钮，单击操控板中的"放置"按钮，弹出"放置"面板，单击该面板中的"定义"按钮，弹出"草绘"对话框。在图形窗口内，选取草绘平面，参看图 7-88，单击"草绘"对话框中的"草绘"按钮，弹出"参照"对话框。选择 FRONT 基准面，单击"参照"对话框中的"关闭"按钮，进入草绘平面。

（23）在草绘平面中，绘制如图 7-89 所示的草绘截面 4（正六边形）。

（24）单击工具栏中的 （蓝色）按钮，黄色箭头表示切剪材料的方向，应朝向盲孔的内侧，在拉伸深度编辑框中输入 4，预览正确后，单击操控板中的 （绿色）按钮，如图 7-90 所示。

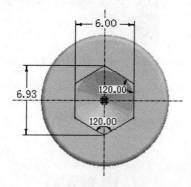

图 7-89　草绘截面 4

图 7-90　完成切剪

（25）单击工具栏中的 （旋转工具）按钮，弹出旋转操控板。单击操控板中的"放置"按钮，弹出"放置"面板，单击该面板中的"定义"按钮，弹出"草绘"对话框。选择 FRONT 基准面，单击"草绘"对话框中的"草绘"按钮，进入草绘平面。

（26）在草绘平面中，绘制如图 7-91 所示的草绘截面 5。

注意：使用 （创建相同点、图元上的点或共线约束）命令。

（27）单击工具栏中的 （蓝色）按钮，预览正确后，单击操控板中的 （绿色）按钮，如图 7-92 所示。

（28）保存文件到设置的工作目录下。

138

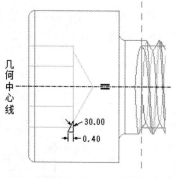

图 7-91　草绘截面 5

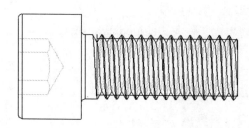

图 7-92　螺钉 M8×20

练 习 题

1. 参看图 7-93 大螺母视图和图 7-94 大螺母实体造型图，按照图中标注的尺寸，实体造型，螺纹部分只要求使用"插入→螺旋扫描→切口"命令，创建"切剪：螺旋扫描"。

（1）文件名称：6_daluomu；

（2）基础特征孔的直径为 ϕ22.50；

（3）螺距为 3.0。

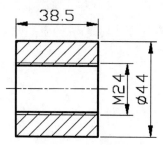

图 7-93　大螺母视图

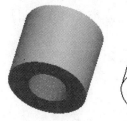

图 7-94　大螺母实体造型图

2. 参看图 7-95 螺钉 M10×22 GB75—85 视图和图 7-96 螺钉 M10×22 实体造型图，按照图中标注的尺寸，实体造型，螺纹部分只要求使用"插入→螺旋扫描→切口"命令，创建"切剪：螺旋扫描"。

（1）文件名称：luoding10-22；

（2）螺距为 1.5。

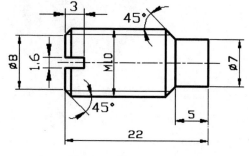

图 7-95　螺钉 M10×22 视图

图 7-96　螺钉 M10×22 实体造型

3. 参看图 7-97 螺钉 M8×16 实体造型图和图 7-98 螺钉 M8×16 GB73—85 视图，按照图中标注的尺寸，实体造型，螺纹部分只要求使用"插入→螺旋扫描→切口"命令，创建"切剪：螺旋扫描"。

（1）文件名称：luoding8-16;

（2）螺距为 1.25。

图 7-97　螺钉 M8×16 实体造型图

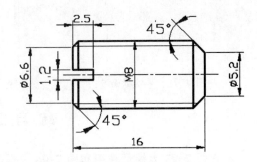

图 7-98　螺钉 M8×16 视图

4. 参看图 7-99 手轮视图和图 7-100 手轮实体造型图，按照图中标注的尺寸，实体造型，螺纹部分只要求使用"插入→修饰→螺纹"命令，创建"修饰：螺纹"。

（1）文件名称：10_shoulun;

（2）建议使用旋转方法创建基础特征；

（3）M8 处盲孔的直径为 ϕ7（使用旋转→切剪材料的方法创建 ϕ7 盲孔，然后，再创建螺纹修饰特征）;

（4）铸造圆角为 R4。

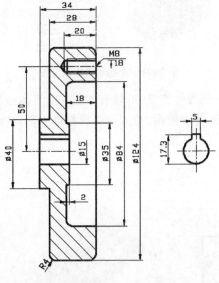

图 7-99　手轮视图

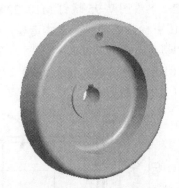

图 7-100　手轮实体造型图

5. 参看 7.2.3 螺钉 M8×20 GB70—85 的实体造型过程和图 7-101 螺钉 M10×25 实体造型图，创建螺钉 M10×25 GB70—85。

（1）文件名称：luoding10-25;

140

（2）基础特征的草绘截面如图 7-102 所示；

（3）倒圆角半径为 0.5，倒角边长为 0.5；

（4）创建螺纹修饰特征时，输入直径 9；

（5）螺距为 1.5；

（6）螺纹收尾处理，可参看 7.2 螺旋扫描中的实例 2，螺杆 2 的螺纹收尾处理；

（7）创建盲孔（旋转→切剪材料），直径为：$\phi 8$，深度为 5，草绘截面可参看图 7-87；

（8）切剪材料形成空心正六棱柱，草绘截面如图 7-103 所示，切剪深度为 5；

（9）旋转（增加材料），草绘截面可参看图 7-91，将图中尺寸 0.40 修改为 0.50 即可。

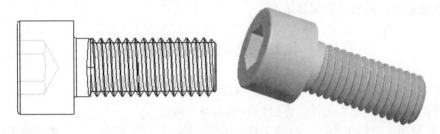

图 7-101 螺钉 M10×25 实体造型图

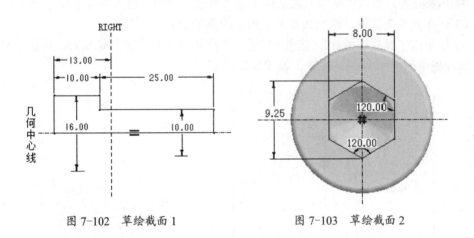

图 7-102 草绘截面 1   图 7-103 草绘截面 2

141

第8章 复杂零件实体造型

在前面的章节里，我们已经学习了拉伸、旋转、扫描、混合以及工艺特征造型等工具命令的使用，实际上，这些功能是可以通过组合形式使用的，通过使用这些高级特征命令，能够创建比较复杂的实体造型。

8.1 尾架体造型

参看附录1尾架体零件图，根据图中标注的尺寸，实体造型。

（1）"新建"→输入文件名称：1_weijiati→"确定"。

（2）单击工具栏中的 （拉伸工具）按钮，弹出拉伸操控板。单击操控板中的"放置"按钮，弹出"放置"面板，单击该面板中的"定义"按钮，弹出"草绘"对话框。选择 TOP 基准面，单击"草绘"对话框中的"草绘"按钮，进入草绘平面。

（3）在草绘平面中，绘制如图8-1所示的草绘截面1。

（4）单击工具栏中的 （蓝色）按钮，在拉伸深度文本框中输入26，预览正确后，单击操控板中的 （绿色）按钮，如图8-2所示。

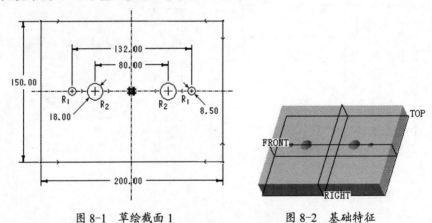

图 8-1 草绘截面 1　　　　　图 8-2 基础特征

（5）单击工具栏中的 （拉伸工具）按钮，弹出拉伸操控板。单击操控板中的"放置"按钮，弹出"放置"面板，单击该面板中的"定义"按钮，弹出"草绘"对话框。选择 RIGHT 基准面，单击"草绘"对话框中的"草绘"按钮，进入草绘平面。

（6）在草绘平面中，绘制如图8-3所示的草绘截面2。

（7）单击工具栏中的 （蓝色）按钮，在拉伸深度类型中选择 对称，在拉伸深度文本框中输入230，预览正确后，单击操控板中的 （绿色）按钮，如图8-4所示。

（8）单击工具栏中的 （基准平面工具）按钮，弹出"基准平面"对话框，选取实体模型上 $\phi 96$ 圆柱表面，参看图8-4。在"基准平面"对话框的"放置"参照约束类

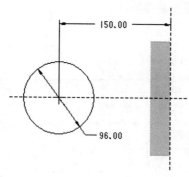

图 8-3 草绘截面 2

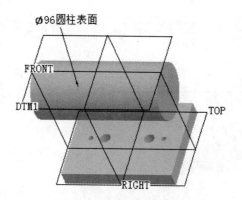

图 8-4 添加特征

型中，选择相切，按 Ctrl 键，再选取 TOP 基准面，在"放置"参照约束类型中，选择平行，如图 8-5 所示，单击对话框中的"确定"按钮，建立基准平面 DTM1，与 ϕ 96 圆柱表面相切，并且平行于 TOP 基准面，参看图 8-4。

（9）单击工具栏中的 （拉伸工具）按钮，弹出拉伸操控板。单击操控板中的"放置"按钮，弹出"放置"面板。单击该面板中的"定义"按钮，弹出"草绘"对话框。选择 DTM1 基准面，单击"草绘"对话框中的"草绘"按钮，进入草绘平面。

（10）在草绘平面中，绘制如图 8-6 所示的草绘截面 3。

图 8-5 "基准平面"对话框

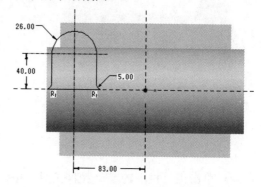

图 8-6 草绘截面 3

（11）单击工具栏中的 （蓝色）按钮，在图形窗口内，旋转特征，黄色箭头表示增加材料的方向，应朝下侧，若方向不符，可单击操控板中的 按钮，改变方向，在拉伸深度编辑框中输入 100，预览正确后，单击操控板中的 （绿色）按钮，如图 8-7 所示。

（12）单击工具栏中的 （基准平面工具）按钮，弹出"基准平面"对话框，选择 RIGHT 基准面，出现的黄色箭头表示基准面偏移的方向，若与本例要求的方向相反，在对话框的"平移"编辑框中输入-83（注意负号），单击对话框中的"确定"按钮，建立基准平面 DTM2，与 RIGHT 基准面平行且距离为 83，可参看图 8-7。

（13）单击工具栏中的 （旋转工具）按钮，弹出旋转操控板。单击操控板中的 （移除材料）按钮，单击操控板中的"放置"按钮，弹出"放置"面板，单击该面板中的"定义"按钮，弹出"草绘"对话框。选择 DTM2 基准面，单击"草绘"对话框中的"草绘"按钮，进入草绘平面。

（14）在草绘平面中，绘制如图 8-8 所示的草绘截面 4。

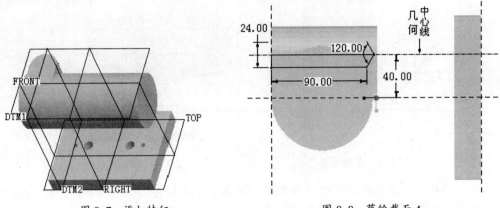

图 8-7　添加特征

图 8-8　草绘截面 4

（15）单击工具栏中的 ✔（蓝色）按钮，黄色箭头表示切剪材料的方向（应朝向盲孔内侧），预览正确后，单击操控板中的 ✔（绿色）按钮，如图 8-9 所示。

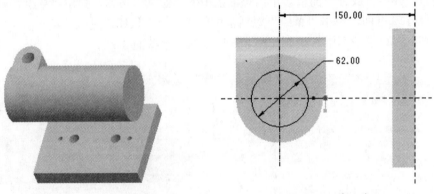

图 8-9　完成盲孔

图 8-10　草绘截面 5

（16）单击工具栏中的 ⬚（拉伸工具）按钮，弹出拉伸操控板。单击操控板中的 ◁（移除材料）按钮，单击操控板中的"放置"按钮，弹出"放置"面板，单击该面板中的"定义"按钮，弹出"草绘"对话框。选取 RIGHT 基准面，单击"草绘"对话框中的"草绘"按钮，进入草绘平面。

（17）在草绘平面中，绘制如图 8-10 所示的草绘截面 5。

（18）单击工具栏中的 ✔（蓝色）按钮，黄色箭头表示切剪材料的方向，应朝向圆孔的内侧，在拉伸深度类型中选择 ⬚ 对称，在拉伸深度编辑框中输入 230（大于 230 即可），预览正确后，单击操控板中的 ✔（绿色）按钮，如图 8-11 所示。

（19）单击工具栏中的 ⬚（拉伸工具）按钮，弹出拉伸操控板。单击操控板中的"放置"按钮，弹出"放置"面板，单击该面板中的"定义"按钮，弹出"草绘"对话框，选择底板右端平面，参看图 8-11，单击"草绘"对话框中的"草绘"按钮，进入草绘平面。

（20）在草绘平面中，绘制如图 8-12 所示的草绘截面 6。

注意使用 ⬚（通过边创建图元）约束命令。

（21）单击工具栏中的 ✔（蓝色）按钮，在图形窗口内，旋转特征，黄色箭头表示

144

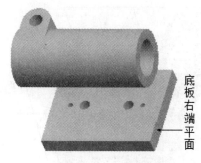

图 8-11 完成φ62通孔

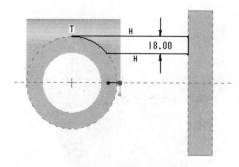

图 8-12 草绘截面 6

增加材料的方向，按照图示标准方向，应朝左侧，在拉伸深度编辑框中输入 200，预览正确后，单击操控板中的 ✔（绿色）按钮，如图 8-13 所示。

（22）重复步骤 19，在草绘平面中，绘制如图 8-14 所示的草绘截面 7。

注意使用 ▢（通过边创建图元）约束命令。

图 8-13 添加特征

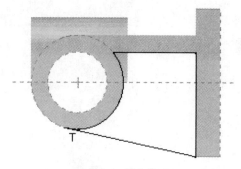

图 8-14 草绘截面 7

（23）重复步骤 21，注意：在拉伸深度编辑框中输入 20，如图 8-15 所示。

（24）选择主菜单上的"编辑"→"特征操作"命令，弹出"菜单管理器"，可参看图 4-20，选取"复制"命令，弹出"复制特征"菜单，选取"移动"→"独立"→"完成"命令，弹出"选取特征"菜单，系统提示：选择要平移的特征，在图形窗口内，选择需要平移的特征，参看图 8-5，选中的特征由红色线框包围，选择"完成"，弹出"移动特征"菜单，选择"平移"，又弹出"一般选取方向"菜单，选择"曲线/边/轴"，系统提示：选取一边或轴作为所需方向，在图形窗口内，选择特征的一条边线，参看图 8-15，弹出"方向"菜单，出现的红色箭头，表示特征平移方向（若与图中箭头方向相反，可选择菜单中的"反向"），选择"确定"，系统提示：输入偏距距离，在编辑框中输入 180，在弹出的菜单中选择"完成移动"，又弹出"组元素"对话框和"组可变尺寸"菜单，选择"完成"，单击"组元素"对话框中的"确定"按钮，单击"菜单管理器"中的"完成"，完成特征的移动复制，如图 8-16 所示。

（25）重复步骤 16，在草绘平面中，绘制如图 8-17 所示的草绘截面 8。

（26）单击工具栏中的 ✔（蓝色）按钮，黄色箭头表示切剪材料的方向，应朝向槽的内侧，在拉伸深度类型中选择 ⧄ 对称，在拉伸深度编辑框中输入 200，预览正确后，单击操控板中的 ✔（绿色）按钮，如图 8-18 所示。

（27）单击工具栏中的 ⧄（拉伸工具）按钮，弹出拉伸操控板。单击操控板中的"放

145

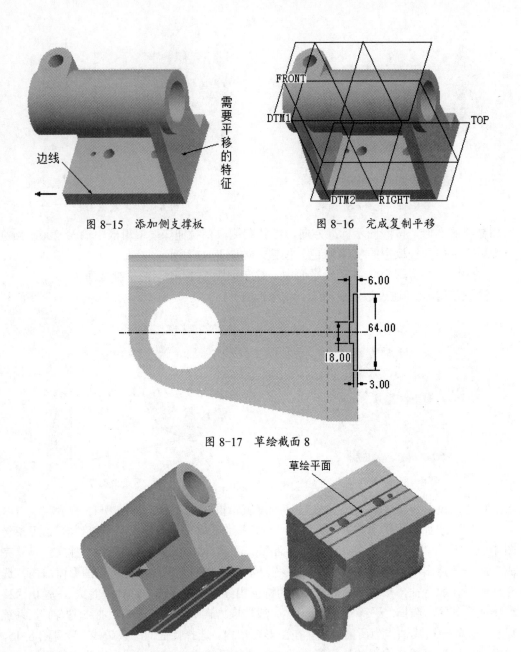

图 8-15 添加侧支撑板

图 8-16 完成复制平移

图 8-17 草绘截面 8

图 8-18 完成切剪

置"按钮，弹出"放置"面板，单击该面板中的"定义"按钮，弹出"草绘"对话框。旋转特征，选择图 8-18 所示的草绘平面。单击"草绘"对话框中的"草绘"按钮，进入草绘平面。

（28）在草绘平面中，绘制如图 8-19 所示的草绘截面 9。

注意使用 □（通过边创建图元）约束命令。

（29）单击工具栏中的 ✔（蓝色）按钮，在图形窗口内，旋转特征，黄色箭头表示增加材料的方向，按照图示标准方向，应朝下方，在拉伸深度编辑框中输入 3，预览正确后，单击操控板中的 ✔（绿色）按钮，如图 8-20 所示。

146

（30）单击工具栏中的 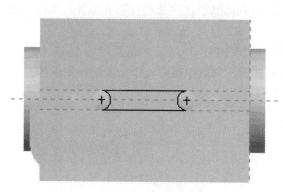（拉伸工具）按钮，弹出拉伸操控板。单击操控板中的"放置"按钮，弹出"放置"面板，单击该面板中的"定义"按钮，弹出"草绘"对话框。选择 RIGHT 基准面，单击"草绘"对话框中的"草绘"按钮，进入草绘平面。

图 8-19　草绘截面 9

图 8-20　添加特征

（31）在草绘平面中，绘制如图 8-21 所示的草绘截面 10。
注意使用 □（通过边创建图元）约束命令。
（32）单击工具栏中的 ✔（蓝色）按钮，在操控板的拉伸深度类型中选择 日 对称，在拉伸深度编辑框中输入 160，单击操控板中的 ✔（绿色）按钮，如图 8-22 所示。

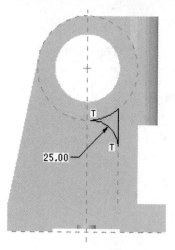

25.00

图 8-21　草绘截面 10

图 8-22　添加特征

（33）单击工具栏中的 ⬡（旋转工具）按钮，弹出旋转操控板。单击操控板中的 ◿（移除材料）按钮，单击操控板中的"放置"按钮，弹出"放置"面板，单击该面板中的"定义"按钮，弹出"草绘"对话框。选取 FRONT 基准面，单击"草绘"对话框中的"草绘"按钮，进入草绘平面。
（34）在草绘平面中，绘制如图 8-23 所示的草绘截面 11。
（35）单击工具栏中的 ✔（蓝色）按钮，出现的黄色箭头表示切剪材料的方向（应朝向盲孔内侧），预览正确后，单击操控板中的 ✔（绿色）按钮，完成底板右侧盲孔。
（36）选择主菜单上的"编辑"→"特征操作"命令，弹出"菜单管理器"，选取"复制"，弹出"复制特征"菜单，选取"镜像"→"独立"→"完成"，弹出"选取特征"菜单，系统提示：选择要镜像的特征。选取步骤35创建完成的盲孔，选中的特征由红色线框包围，选择菜单中的"完成"，继续提示：选择一个平面或创建一个基准以其作镜像。选取 RIGHT 基准面，单击"菜单管理器"中的"完成"，完成底板盲孔镜像，如图 8-24 所示。

（37）重复步骤 33，在草绘平面中，绘制如图 8-25 所示的草绘截面 12。

（38）单击工具栏中的 ✔（蓝色）按钮，预览正确后，单击操控板中的 ✔（绿色）按钮，完成左端环平面（图 8-24）一个盲孔。

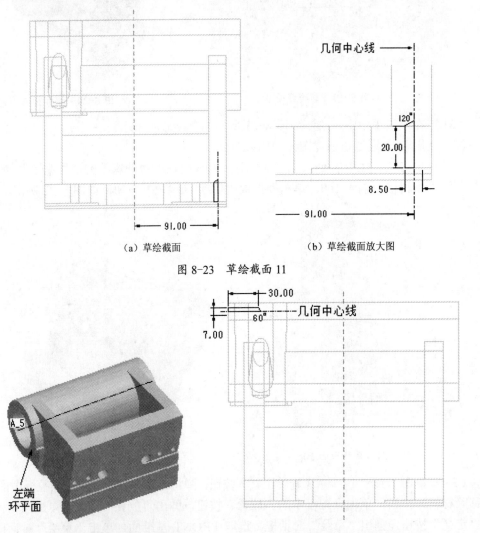

（a）草绘截面　　　　　　　　　（b）草绘截面放大图

图 8-23　草绘截面 11

图 8-24　完成底板盲孔镜像　　　　　　图 8-25　草绘截面 12

（39）选择步骤 38 创建完成的盲孔，选中的特征由红色线框包围，单击工具栏中的 ▦（阵列工具）按钮，弹出阵列操控板，选择"尺寸"下拉列表中的"轴"，系统提示：选取基准轴、坐标系轴来定义阵列中心。打开基准轴显示开关 ⟍，选取 A_5 轴线，参看图 8-24，阵列个数为 4，角度增量为 90（缺省），单击操控板中的 ✔（绿色）按钮，完成阵列，如图 8-26 所示。

（40）选择主菜单上的"编辑"→"特征操作"命令，弹出"菜单管理器"，选取"复制"，弹出"复制特征"菜单，选取"镜像"→"独立"→"完成"，弹出"选取特征"菜单，系统提示：选择要镜像的特征。选取步骤 39 创建完成的"阵列 1/切剪"（包括 4 个盲孔），选中的特征由红色线框包围，选择菜单中的"完成"，继续提示：选择一个平面或创建一个基准以其作镜像。选取 RIGHT 基准面，单击"菜单管理器"中的"完成"，完成右端环平面盲孔，如图 8-27 所示。

图 8-26　完成盲孔阵列

图 8-27　完成右端环平面盲孔

（41）单击工具栏中的 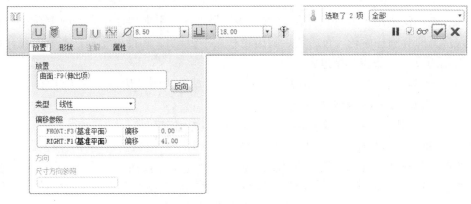（孔工具）按钮，弹出孔特征操控板，系统提示：选取曲面、轴或点来放置孔。在图形窗口内，选择特征的上顶平面，参看图 8-27，单击操控板中的"放置"按钮，展开"放置"面板，在"放置"面板中，鼠标左键单击"偏移参照"空白区域中的"单击此处添加项目"，系统提示：最多选取 2 个参照，例如平面、曲面、边或轴，以定义孔偏移。选择 FRONT 基准面，在"偏移"尺寸编辑框内输入 0，按住 Ctrl 键，选择 RIGHT 基准平面，在"偏移"尺寸编辑框内输入 41（注意：如果孔的位置与图中不符，可以输入–41），在孔的直径编辑框中输入 8.5，在孔的深度编辑框内，输入 18，孔的放置位置如图 8-28 所示。

图 8-28　设定孔的放置位置

（42）预览正确后，单击操控板中的 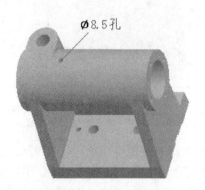（绿色）按钮，如图 8-29 所示。

（43）选择主菜单中的"插入"→"修饰"→"螺纹"命令，弹出"修饰：螺纹"对话框，系统提示：选取螺纹曲面。在图形窗口内，放大图形，选取 $\phi 8.5$ 孔的内表面，参看图 8-29，继续提示：选取螺纹的起始曲面，选取 $\phi 96$ 圆柱表面，可参看图 8-27，出现红色箭头，表示螺纹修饰特征创建的方向，按照图示标准方向，应朝下方。单击"菜单管理器"中的"确定"，弹出"指定到"菜单，依次选择"盲孔"→"完成"，系统提示：输入深度，在编辑框中输入 17.5，继续提示：输入直径，在编辑框中输入 10，弹出"特征参数"菜单，选择"完成/返回"→单击"修饰：螺纹"对话框中的"确定"，完成螺纹修饰特征。

（44）单击工具栏中的 （倒圆角工具）按钮，弹出倒圆角操控板，输入圆角半径为 5，在图形窗口内，选择需要倒圆角的边（旋转对象，并按住 Ctrl 键选取），如图 8-30 所示。

图 8-29　完成 $\phi 8.5$ 孔　　　　图 8-30　完成倒圆角

（45）其余螺纹孔的修饰特征，读者自己练习创建。

（46）使用螺旋扫描切剪材料的方法，创建螺纹孔，读者自己练习。

8.2　直齿轮造型

齿轮是广泛应用于各种机械传动的一种常用零件，用来传递动力、改变转速和旋转方向，常见的有圆柱齿轮（直齿轮、斜齿轮和人字齿轮）、圆锥齿轮等。本节主要介绍圆柱直齿轮的设计方法和造型过程。

图 8-31 为直齿轮零件图，根据视图尺寸，创建直齿圆柱齿轮。

1．使用拉伸工具创建齿轮外形

（1）"新建""→输入文件名称："t8-31"→"确定"。

（2）单击工具栏中的 （拉伸工具）按钮，弹出拉伸操控板。单击操控板中的"放置"按钮，弹出"放置"面板，单击该面板中的"定义"按钮，弹出"草绘"对话框，选择 FRONT 基准面，单击"草绘"对话框中的"草绘"按钮，进入草绘平面。

（3）在草绘平面中，绘制如图 8-32 所示的草绘截面 1。

（4）单击工具栏中的 （蓝色）按钮，在拉伸深度文本框中输入 15，预览正确后，单击操控板中的 （绿色）按钮，如图 8-33 所示。

（5）单击工具栏中的 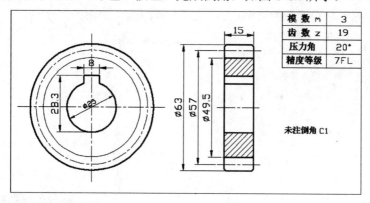（倒角工具）按钮，弹出倒角操控板，在 D 编辑框内输入 1，在图形窗口内，选取基础特征需要倒角处（按住 Ctrl 键选取），参看图 8-33，预览正确后，单击操控板中的 ✔（绿色）按钮，完成倒角，如图 8-34 所示。

模 数 m	3
齿 数 z	19
压力角	20°
精度等级	7FL

未注倒角 C1

图 8-31　直齿轮零件图

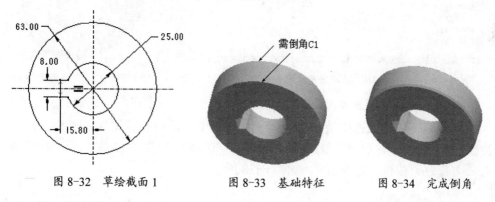

图 8-32　草绘截面 1　　　　图 8-33　基础特征　　　　图 8-34　完成倒角

2. 插入渐开线

（1）单击工具栏中的 〜（插入基准曲线）按钮，弹出"菜单管理器"的"曲线选项"菜单，如图 8-35 所示，依次选择菜单中的"从方程"→"完成"命令，又弹出"曲线：从方程"对话框和"得到坐标系"菜单，系统提示：选取坐标系。选取系统坐标系 ✱ PRT_CSYS_DEF，在弹出的"设置坐标类型"菜单中，选择"笛卡尔"，又弹出"rel.ptd-记事本"。

图 8-35　菜单管理器

（2）在记事本中填写渐开线参数方程，如图 8-36 所示（A=20°为压力角）。

（3）选择"rel.ptd-记事本"中的"文件"→"保存"命令，保存填写内容。

（4）选择"rel.ptd-记事本"中的"文件"→"退出"命令，关闭记事本窗口，单击"曲线：从方程"对话框中的"确定"，完成方程添加，如图 8-37 所示。

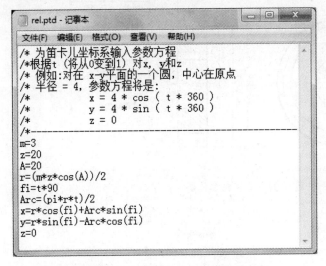

```
rel.ptd - 记事本

文件(F)  编辑(E)  格式(O)  查看(V)  帮助(H)

/* 为笛卡儿坐标系输入参数方程
/*根据t（将从0变到1）对x，y和z
/* 例如:对在 x-y平面的一个圆，中心在原点
/* 半径 = 4，参数方程将是:
/*          x = 4 * cos ( t * 360 )
/*          y = 4 * sin ( t * 360 )
/*          z = 0
/*-------------------------------
m=3
z=20
A=20
r=(m*z*cos(A))/2
fi=t*90
Arc=(pi*r*t)/2
x=r*cos(fi)+Arc*sin(fi)
y=r*sin(fi)-Arc*cos(fi)
z=0
```

图 8-36　填写渐开线参数方程

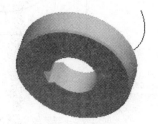

图 8-37　完成渐开线

3. 镜像、旋转复制渐开线

（1）选择渐开线（选中呈红色），单击工具栏中的 （镜像工具）按钮，弹出镜像操控板，系统提示：选取要镜像的平面或目的基准平面。选择 TOP 基准面，单击操控板中的 （绿色）按钮，完成镜像，如图 8-38 所示。

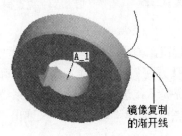

图 8-38　完成镜像

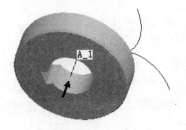

图 8-39　正确方向

（2）选择主菜单上的"编辑"→"特征操作"命令，弹出"菜单管理器"，选取"复制"命令，弹出"复制特征"菜单，选取"移动"→"独立"→"完成"，弹出"选取特征"菜单，系统提示：选择要平移的特征。选取镜像复制的渐开线，参看图 8-38，选择菜单中的"完成"，弹出"移动特征"菜单，选择"旋转"，弹出"一般选取方向"菜单，选择"曲线/边/轴"，系统提示：选取一边或轴作为所需方向。打开 （基准轴显示开关）开关，选取旋转特征的轴线 A_1，出现红色箭头，图 8-39 所示箭头方向为正确（若与图中方向不符，可选择"方向"菜单中的"反向"），选择菜单中的"确定"，系统提示：输入旋转角度，在编辑框中输入 9.4737（若齿槽等于齿厚，则 360°/38=9.4737°），在弹出的菜单中选择"完成移动"，弹出"组元素"对话框，单击"组元素"对话框中的"确定"，

单击"菜单管理器"中的"完成"，完成特征的旋转复制，如图 8-40 所示。

4. 切剪第 1 个齿槽

（1）单击工具栏中的 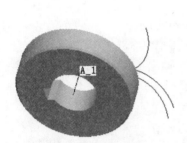（拉伸工具）按钮，弹出拉伸操控板。单击操控板中的 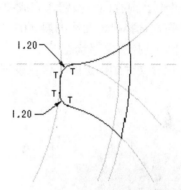（移除材料）按钮，单击操控板中的"放置"按钮，弹出"放置"面板，单击该面板中的"定义"按钮，弹出"草绘"对话框。选取 FRONT 基准面，单击"草绘"对话框中的"草绘"按钮，进入草绘平面。

（2）在草绘平面中，首先绘制直径为 49.5 的圆（齿根圆），再使用 ▢（通过边创建图元）和 ↖（在两图元间创建一个圆角）命令，绘制如图 8-41 所示的齿槽轮廓曲线（图中黑色实线）。

图 8-40 旋转复制渐开线

图 8-41 齿槽轮廓曲线

（3）单击工具栏中的 ✔（蓝色）按钮，在图形窗口内，旋转特征，切剪材料的方向，如图 8-42 所示为正确方向，若与图中不符，可单击操控板中的 ✗ 改变方向，在拉伸深度类型中，选择 ⧚ 穿透，预览正确后，单击操控板中的 ✔（绿色）按钮，如图 8-43 所示。

图 8-42 切剪材料方向

图 8-43 完成切剪齿槽

5. 阵列齿槽

选择图 8-43 所示的切剪齿槽，选中的特征由红色线框包围，单击工具栏中的 ▦（阵列工具）按钮，弹出阵列操控板，选择"尺寸"下拉列表中的"轴"，系统提示：选取基准轴、坐标系轴来定义阵列中心。打开基准轴显示开关 ↗，选取旋转特征的轴线 A_1，阵列个数为 19，角度增量为 18.947，操控板中的各项设置，如图 8-44 所示，单击操控板中的 ✔（绿色）按钮，如图 8-45 所示。

图 8-44 "阵列"操控板

6. 隐藏曲线

（1）在导航区，单击 （显示）按钮，选择"层树"命令，如图 8-46 所示，显示"层树"，如图 8-47 所示。

（2）选择包含曲线的层（03_PRT_ALL_CURVES），单击鼠标右键，在弹出的快捷菜单中，选择"隐藏"，系统提示：层状态改变成功，重画来查看结果。单击标准工具栏中的 （重画当前视图）按钮，完成曲线隐藏。

（3）再次选择包含曲线的层（03_PRT_ALL_CURVES），单击鼠标右键，在弹出的快捷菜单中，选择"保存状态"。

（4）保存文件到指定的工作目录下，如图 8-49 所示。

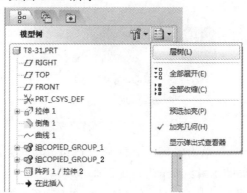

图 8-45　完成齿槽阵列　　　　　　　　图 8-46　"层树"菜单

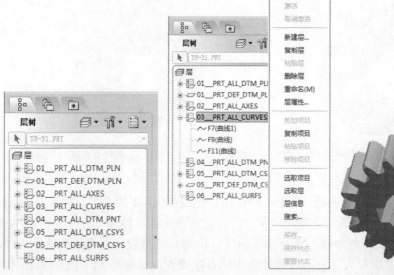

图 8-47　"层树"　　　　　　图 8-48　快捷菜单　　　　　　图 8-49　直齿轮造型

154

练 习 题

1. 练习尾架体零件实体造型，并完成步骤 45 和 46。
2. 参看图 8-50 组合体三视图和实体造型图，按照图中标注的尺寸，创建组合体。

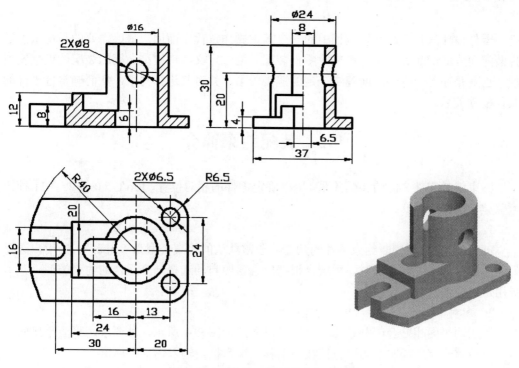

图 8-50　组合体三视图和实体造型图

3. 若将图 8-31 齿轮的齿数改为 $z=20$，创建齿轮实体模型。

第9章 零件装配

零件设计只是产品开发过程中的一个基本操作过程，而用户最终需要的是由很多零件装配而成的产品。在Pro/E中，零件装配是通过定义零件模型之间的装配约束来实现的，也就是在各个零件之间建立一定的链接关系，并对其进行约束，从而确定各零件的具体位置关系。

9.1 装配约束简介

约束就是零件之间的装配关系，用以确定零件的相对位置，Pro/E 5.0 提供了11种约束类型，下面分别介绍。

1. 自动

Pro/E具备自动判断约束条件的功能，通常默认的约束类型为"自动"。当用户选择好装配的参考点、线、面时，系统会根据所选参照自动选择一个适合的约束类型，并引导用户进行偏移量的设置。

2. 配对

用于两平面相贴合，并且这两平面呈反向，如图9-1所示，若要求两平面呈反向贴合并且偏移一定距离时，可以直接在"偏移"编辑框内输入偏移距离值。

分别选取两平面

(a) 分别选取两平面　　(b) 两平面贴合，偏移为0　　(c) 两平面贴合，偏移一定距离

图9-1　配对约束

3. 对齐

用于两平面或两中心线（轴线）对齐。两平面对齐时，它们同向对齐，如图9-2所示，两中心线对齐时，在同一直线上（同轴共线）。若要求两平面同向对齐并且偏移一定距离时，可以直接在"偏移"编辑框内输入偏移距离值。

4. 插入

用于孔和轴之间的装配，该约束可以使孔和轴的中心线对齐，共处于同一直线上，如图9-3所示。

5. 坐标系

将两零件的坐标系重合在一起，如图9-4所示。

分别选取
两平面

（a）分别选取两平面　（b）两平面对齐，偏移为0　（c）两平面对齐，偏移一定距离

图 9-2　对齐约束

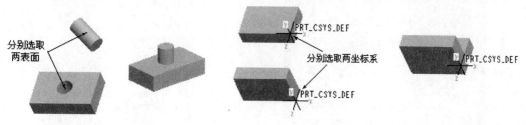

分别选取
两表面

分别选取两坐标系

图 9-3　插入约束　　　　　　　　　　图 9-4　坐标系约束

6. 相切

以曲面相切的方式进行装配，如图 9-5 所示。

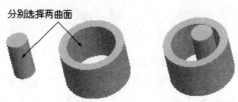

分别选择两曲面

图 9-5　相切约束

7. 直线上的点

以两直线上某一点相接的方式进行装配。用于控制边、轴或基准曲线与点之间的接触。

8. 曲面上的点

以两曲面上某一点相接的方式进行装配。用于控制曲面与点之间的接触。

9. 曲面上的边

以两曲面上某一条边相接的方式进行装配。用于控制曲面与平面边界之间的接触。

10. 固定

将元件固定到当前位置。

11. 缺省

当向组件中插入第一个零部件时，通常选择缺省约束类型来装配该零部件。"缺省"约束将元件的默认坐标系与组件的默认坐标系对齐。

9.2　零　件　装　配

要进行零件装配设计，必须进入零件装配模块中。下面以仪表车床尾架为实例，介绍启动零件装配模块的基本步骤和方法。

1. 启动 Pro/Engineer Wildfire 5.0，设置工作目录

选择主菜单中的"新建"菜单项，打开"新建"对话框，选择其中的"组件"选项，在名称文本框中输入文件名：wei_jia，单击"确定"按钮，如图 9-6 所示。

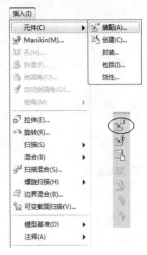

图 9-6 "新建"对话框　　　　　　　　图 9-7 "插入"菜单和工具栏

2. 读取零件

（1）读取零件_轴套（2_zhoutao.prt）。

单击工具栏中的![icon]（将元件添加到组件）按钮，或选择主菜单中的"插入"→"元件"→"装配"命令，如图 9-7 所示，弹出"打开"对话框，在该对话框中找到并选中 2_zhoutao.prt，单击"打开"按钮，轴套出现在图形窗口内，同时，弹出图 9-8 所示的装配操控板（单击"放置"按钮，展开"放置"面板，如图 9-9 所示）。选择装配约束类型，在操控板的"自动"下拉列表中，选择"坐标系"，系统提示：选取模型的坐标系，在图形窗口内，选择轴套的坐标系 X Y Z_PRT_CSYS_DEF,继续提示：从另一个模型选取坐标系，选择装配系统坐标系 X Y Z_ASM_DEF_CSYS ，"状态"栏内显示：完全约束，即：零件坐标系与装配系统坐标系重合，单击操控板中的 ✔（绿色）按钮，完成 2_zhoutao.prt 零件添加。

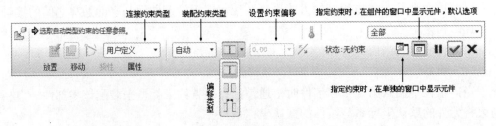

图 9-8 装配操控板

（2）读取零件_大螺母（6_daluomu.prt）。

单击工具栏中的![icon]（将元件添加到组件）按钮，弹出"打开"对话框，在该对话框中找到并选中 6_daluomu.prt，单击"打开"按钮，大螺母出现在图形窗口内，同时，弹出装配操控板。单击"放置"按钮，展开"放置"面板，如图 9-9 所示，选择装配约束类型，在"放置"面板的"约束类型"中，选择"插入"，系统提示：选取要插入一个零件的旋转曲面，在图形窗口内，选择大螺母的外表面，继续提示：选取要插入另一零件的旋转曲面，在图形窗口内，选择轴套孔的内表面，如图 9-10 所示。单击"放置"面板中的"新建约束"，参看图 9-12，在"约束类型"中，选择"对齐"，系统提示：在一个零件上选取对齐的曲面、轴、基准平面、点、顶点、曲线端点或边，在图形窗口内，选择大螺母的端平面，继续提示：在另一零件上选取对齐曲面或基准平面，在图形窗口内，选择轴套的端平面，如图 9-11 所示。单击操控板中的 ✓（绿色）按钮，完成 6_daluomu.prt 零件添加，如图 9-12 和图 9-13 所示。

图 9-9　"放置"面板

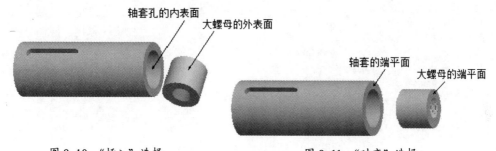

图 9-10　"插入"选择　　　　　　　　图 9-11　"对齐"选择

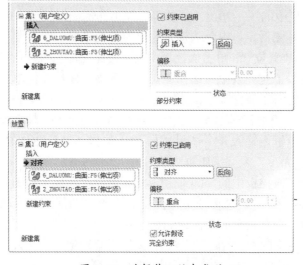

图 9-12　选择装配约束类型

图 9-13 轴套和大螺母装配体

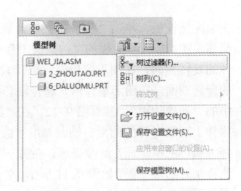

图 9-14 "设置"下拉菜单

（3）在默认状态下，装配模块导航区只显示插入零件的名称，而不显示特征的名称，如果希望特征名称显示在导航区，可以选择导航区"设置" 下拉菜单中的"树过滤器"命令，如图 9-14 所示，弹出"模型树项目"对话框，如图 9-15 所示，在该对话框中，选中"特征"复选框，单击"确定"按钮。

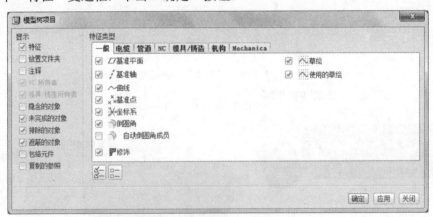

图 9-15 "模型树项目"对话框

3. 配作螺纹孔

（1）单击工具栏中的 （孔工具）按钮，弹出孔特征操控板，系统提示：选取曲面、轴或点来放置孔。在图形窗口内，选择装配体的右端平面，参看图 9-13。

（2）设定孔的放置位置：单击操控板中的"放置"按钮，展开"放置"面板。在"放置"面板的"线性"下拉列表中，选择"直径"选项，鼠标左键单击"偏移参照"空白区域中的"单击此处添加项目"，系统提示：最多选取 2 个参照，例如平面、曲面、边或轴，以定义孔偏移。打开基准轴显示开关 ，选择 A_1 基准轴（轴套或大螺母的基准轴），在"直径"尺寸编辑框内输入 44，按住 Ctrl 键，选择 ASM_FRONT 基准平面（可以在导航区选取），在"角度"尺寸编辑框内输入 0，如图 9-16 所示。

（3）单击孔特征操控板中的 （使用草绘定义钻孔轮廓）按钮，弹出"草绘定义"孔特征操控板，参看图 6-23。再单击操控板中的 （激活草绘器以创建剖面）按钮，系统进入草绘平面，在草绘平面中，绘制如图 9-17 所示的草绘截面 1。

（4）单击工具栏中的 ✔（蓝色）按钮，返回"草绘定义"孔特征操控板，单击操控板中的 ✔（绿色）按钮，完成 $\phi 7$ 盲孔，如图 9-18 所示。

160

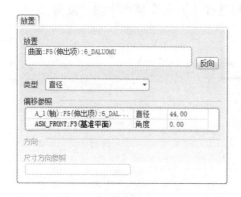

图 9-16 设置草绘孔的放置位置

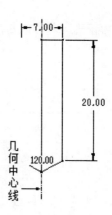

图 9-17 草绘截面 1

图 9-18 完成 ϕ 7 盲孔

（5）选择主菜单中的"插入"→"修饰"→"螺纹"命令，弹出"修饰：螺纹"对话框，系统提示：选取螺纹曲面，在图形窗口内，选取 ϕ 7 盲孔内表面，可参看图 9-18，继续提示：选取螺纹的起始曲面，选取装配体的右端平面（图 9-18），红色箭头表示螺纹修饰特征创建的方向，图 9-18 所示的箭头为正确方向。

（6）单击"菜单管理器"中的"确定"，弹出"指定到"菜单，依次选择"盲孔"→"完成"，系统提示：输入深度，在编辑框中输入 18，继续提示：输入直径，在编辑框中输入 8，弹出"特征参数"菜单，选择"完成/返回"→ 单击"修饰：螺纹"对话框中的"确定"按钮，完成螺纹修饰特征。

（7）选择主菜单中的"插入"→"螺旋扫描"→"切口"命令，弹出"切剪：螺旋扫描"对话框和"菜单管理器"的"属性"菜单，选择"属性"菜单中的"常数"→"穿过轴"→"右手定则"→"完成"命令，弹出"设置草绘平面"菜单，系统提示：选取或创建一个草绘平面，在导航区选取 ASM_FRONT 基准面（必须选取通过轴线的基准面）→"确定"→"缺省"。

（8）在草绘平面中，选择 ⁞（创建 2 点中心线）命令，绘制一条中心线（与 ϕ 7 盲孔轴线重合），再选择 ＼（创建 2 点线）命令绘制扫描轨迹（带箭头实线），并标注尺寸，如图 9-19 所示。

（9）单击工具栏中的 ✔（蓝色）按钮，系统提示：输入节距值（螺距），在编辑框内输入 1.25，图形旋转，继续提示：现在草绘横截面，在图形窗口内，绘制螺旋扫描截面，如图 9-20 所示。图 9-21 为螺旋扫描截面的局部放大图。

（10）单击工具栏中的 ✔（蓝色）按钮，出现红色箭头，表示切剪材料方向，图 9-22

161

箭头方向为正确，若方向与图中不符，可选择"方向"菜单中的"反向"。

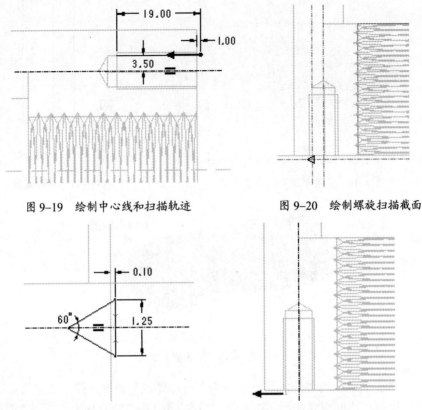

图 9-19　绘制中心线和扫描轨迹　　　　　　图 9-20　绘制螺旋扫描截面

图 9-21　扫描截面放大图　　　　　　　　图 9-22　切剪材料方向

　　（11）单击"方向"菜单中的"确定"按钮，弹出"相交元件"对话框，选择该对话框中"自动更新"复选框，如图 9-23 所示，单击该对话框中的"确定"按钮，单击"切剪：螺旋扫描"对话框中的"确定"按钮，完成 M8 螺纹孔。

　　（12）选择主菜单上的"编辑"→"特征操作"命令，弹出"菜单管理器"，选取"复制"命令，弹出"复制特征"菜单，选取"镜像"→"独立"→"完成"，弹出"选取特征"菜单，系统提示：选择要镜像的特征，在导航区，选择 ϕ7 盲孔、修饰特征和螺旋切剪特征（按住 Ctrl 键选取），选中的特征由红色线框包围，选择菜单中的"完成"，系统提示：选择一个平面或创建一个基准以其作镜像，选取 ASM_TOP 基准面，弹出"相交元件"对话框，参看图 9-23，选择该对话框中"自动更新"

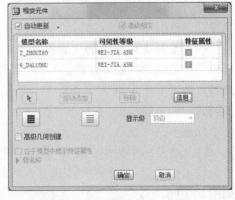

图 9-23　"相交元件"对话框

复选框，单击该对话框中的"确定"按钮，弹出"装配特征"菜单，选择"完成/返回"，菜单如图 9-24 所示，完成 ϕ7 盲孔、修饰特征和螺旋切剪特征的镜像操作，如图 9-25

所示。

图 9-24　菜单管理器

4. 读取零件

（1）读取零件_螺钉 M8×16　GB73—85（luoding8-16.prt）。

单击工具栏中的 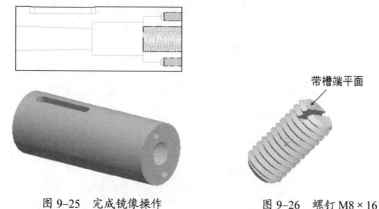（将元件添加到组件）按钮，弹出"打开"对话框，在该对话框中找到并选中 luoding8-16.prt，单击"打开"按钮，螺钉 M8×16 出现在图形窗口内。同时，弹出装配操控板，单击"放置"按钮，展开"放置"面板，选择装配约束类型，在"放置"面板的"约束类型"中选择"对齐"，根据提示，在图形窗口内，选择螺钉 M8×16 的基准轴，然后，根据提示，再选择 ϕ7 盲孔的基准轴（M8 螺纹孔的基准轴）。单击"放置"面板中的"新建约束"，在"约束类型"中选择"对齐"，根据提示，在图形窗口内，选择螺钉 M8×16 的带槽端平面，如图 9-26 所示，然后，根据提示，再选择装配体的右端平面，单击操控板中的✔（绿色）按钮，完成 luoding8-16.prt 零件添加。

用同样的方法，将螺钉 M8×16 装入另一个螺纹孔中。

注意：在装配过程中，灵活使用🔍🔍🔍和🔨工具，并旋转、平移对象。

带槽端平面

图 9-25　完成镜像操作　　　　图 9-26　螺钉 M8×16

（2）读取零件_顶尖（4_dingjian.prt）。

单击工具栏中的 📁（将元件添加到组件）按钮，弹出"打开"对话框，在该对话框中找到并选中 4_dingjian.prt ，单击"打开"按钮，顶尖出现在图形窗口内，同时，弹出装配操控板。单击"放置"按钮，展开"放置"面板，选择装配约束类型，在"放置"面板的"约束类型"中，选择"对齐"，在图形窗口内，选择顶尖的基准轴，然后，再选择装配体的基准轴（轴套的基准轴）。单击"放置"面板中的"新建约束"，在"约束类型"中，选择"对齐"，在图形窗口内，选择顶尖左端环平面，如图 9-27 所示，然后，再选择装配体左端平面，如图 9-28 所示，在"放置"面板的"偏移"下拉列表中，选择"偏移"，在编辑框内输入 2，单击操控板中的 ✓（绿色）按钮，完成 4_dingjian.prt 零件添加，如图 9-29 所示。

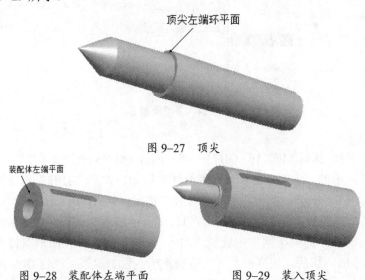

顶尖左端环平面

图 9-27　顶尖

装配体左端平面

图 9-28　装配体左端平面　　　　　　图 9-29　装入顶尖

（3）读取零件_螺杆 1（7_luogan.prt）。

单击工具栏中的 （将元件添加到组件）按钮，在弹出的"打开"对话框中找到并选中 7_luogan.prt，单击"打开"按钮，螺杆 1 出现在图形窗口内，同时，弹出装配操控板。单击"放置"按钮，展开"放置"面板，选择装配约束类型，在"放置"面板的"约束类型"中，选择"对齐"，在图形窗口内，选择螺杆 1 的基准轴，然后，再选择装配体的基准轴（轴套的基准轴）。单击"放置"面板中的"新建约束"，在"约束类型"中，选择"对齐"，在图形窗口内，选择螺杆 1 的右端圆平面（M12 处端面），如图 9-30 所示，然后，再选择装配体的右端平面，如图 9-18 所示，在"放置"面板的"偏移"下拉列表中，选择"偏移"，在编辑框内输入 128，单击操控板中的 ✓（绿色）按钮，完成 7_luogan.prt 零件添加，如图 9-31 所示。

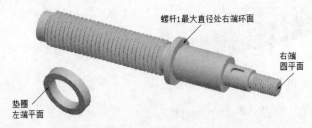

螺杆1最大直径处右端环面

右端
圆平面

垫圈
左端平面

图 9-30　螺杆 1 和垫圈

图 9-31　装入螺杆 1

（4）读取零件_垫圈（8_dianquan.prt）。

单击工具栏中的 （将元件添加到组件）按钮，在弹出的"打开"对话框中找到并选中 8_dianquan.prt，单击"打开"按钮，垫圈出现在图形窗口内，同时，弹出装配操控板。单击"放置"按钮，展开"放置"面板，选择装配约束类型，在"放置"面板的"约束类型"中，选择"对齐"，在图形窗口内，选择垫圈的基准轴，然后，再选择装配体的基准轴（螺杆 1 的基准轴）。单击"放置"面板中的"新建约束"，在"约束类型"中，选择"配对"，在图形窗口内，选择垫圈的左端平面，如图 9-30 所示，然后，再选择螺杆 1 最大直径处右端环面，如图 9-30 所示，单击操控板中的 ✔（绿色）按钮，完成 8_dianquan.prt 零件添加，如图 9-32 所示。

图 9-32　装入垫圈

（5）读取零件_尾架体（1_weijiati.prt）。

单击工具栏中的 （将元件添加到组件）按钮，在弹出的"打开"对话框中找到并选中 1_weijiati.prt，单击"打开"按钮，尾架体出现在图形窗口内，同时，弹出装配操控板。单击"放置"按钮，展开"放置"面板，选择装配约束类型，在"放置"面板的"约束类型"中，选择"对齐"，在图形窗口内，选择尾架体 ϕ62 孔的基准轴 A_5，如图 8-24 所示，然后，再选择装配体的基准轴。单击"放置"面板中的"新建约束"，在"约束类型"中，选择"对齐"，在图形窗口内，选择尾架体左端环平面，参看图 8-24，然后，再选择装配体左端平面，如图 9-28 所示，在"放置"面板的"偏移"下拉列表中，选择"偏移"，在编辑框内输入 8，单击操控板中的 ✔（绿色）按钮，完成 1_weijiati.prt 零件添加，如图 9-33 所示。

图 9-33　装入尾架体

图 9-34　前端盖

165

（6）读取零件_前端盖（3_qianduangai.prt）。

单击工具栏中的 ![icon]（将元件添加到组件）按钮，在"打开"对话框中找到并选中 3_qianduangai.prt，单击"打开"按钮，前端盖出现在图形窗口内，同时，弹出装配操控板。单击"放置"按钮，展开"放置"面板，选择装配约束类型，在"放置"面板的"约束类型"中，选择"对齐"，在图形窗口内，选择前端盖的基准轴 A_1，如图 9-34 所示，然后，再选择尾架体 φ62 孔的基准轴 A_5，如图 8-24 所示。单击"放置"面板中的"新建约束"，在"约束类型"中，选择"对齐"，在图形窗口内，选择前端盖 φ 9 孔的基准轴 A_2（图 9-34），然后，再选择尾架体 M8 螺纹孔的基准轴，参看图 9-33。单击"放置"面板中的"新建约束"，在"约束类型"中，选择"配对"，在图形窗口内，选择前端盖右侧环平面，如图 9-34 所示，然后，再选择尾架体左端环平面，如图 9-33 所示，单击操控板中的 ![icon]（绿色）按钮，完成 3_qianduangai.prt 零件添加，如图 9-35 所示。

图 9-35　装入前端盖

图 9-36　螺钉 M8×20

（7）读取零件_螺钉 M8×20　GB70—85（luoding8-20.prt）。

单击工具栏中的 ![icon] 按钮，在"打开"对话框中找到并选中 luoding8-20.prt，单击"打开"按钮，螺钉 M8×20 出现在图形窗口内，同时，弹出装配操控板。单击"放置"按钮，展开"放置"面板，选择装配约束类型，在"放置"面板的"约束类型"中，选择"对齐"，在图形窗口内，选择螺钉 M8×20 的基准轴 A_1（图 9-36），然后，再选择前端盖螺钉孔的基准轴。单击"放置"面板中的"新建约束"，在"约束类型"中，选择"配对"，在图形窗口内，选择螺钉圆柱头台阶平面，如图 9-36 所示，然后，再选择装配体左端沉孔台阶平面，如图 9-35 所示，单击操控板中的 ![icon]（绿色）按钮，完成 luoding8-20.prt 零件添加。

用同样的方法，将其余三个螺钉 M8×20 装入螺纹孔中，如图 9-37 所示。

（8）读取零件_螺纹夹紧套（13_luowenjiajintao.prt）。

单击工具栏中的 ![icon] 按钮，在"打开"对话框中选中 13_luowenjiajintao.prt，单击"打开"按钮，螺纹夹紧套出现在图形窗口内，同时，弹出装配操控板。单击"放置"按钮，展开"放置"面板，选择装配约束类型，在"放置"面板的"约束类型"中，选择"对齐"，在图形窗口内，选择螺纹夹紧套的上顶平面，如图 9-38 所示，然后，再选择尾架体上顶平面，如图 9-37 所示，在"放置"面板的"偏移"下拉列表中，选择"偏移"，

166

在编辑框内输入–55（注意负号），单击"放置"面板中的"新建约束"，在"约束类型"中，选择"插入"，在图形窗口内，选择螺纹夹紧套外圆柱表面（图9–38），然后，再选择尾架体φ24孔的内表面（图9–37），单击操控板中的 ✓（绿色）按钮，完成13_luowenjiajintao.prt零件添加。

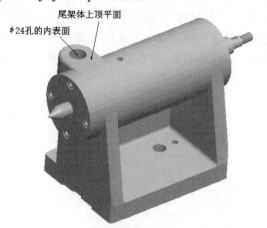

图9–37 装入螺钉M8×20

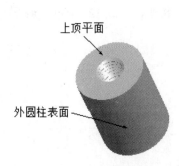

图9–38 螺纹夹紧套

（9）读取零件_夹紧套（11_jiajintao.prt）。

单击工具栏中的 ⬛按钮，在"打开"对话框中选中11_jiajintao.prt，单击"打开"按钮，夹紧套出现在图形窗口内。单击装配操控板中的"放置"按钮，展开"放置"面板，在"放置"面板的"约束类型"中，选择"对齐"，在图形窗口内，选择夹紧套上顶平面，参看图9–38，然后，再选择尾架体上顶平面，如图9–37所示。单击"放置"面板中的"新建约束"，在"约束类型"中，选择"插入"，在图形窗口内，选择夹紧套外圆柱表面（参看图9–38），然后，再选择尾架体φ24孔的内表面（图9–37），单击操控板中的 ✓（绿色）按钮，完成11_jiajintao.prt零件添加，如图9–39所示。

图9–39 装入夹紧套

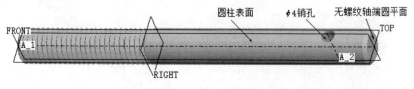

图9–40 螺杆2

（10）读取零件_螺杆2（12_luogan.prt）。

单击工具栏中的⬛按钮，在"打开"对话框中选中12_luogan.prt，单击"打开"按钮，螺杆2出现在图形窗口内。单击装配操控板中的"放置"按钮，展开"放置"面板，在"放置"面板的"约束类型"中，选择"对齐"，在图形窗口内，选择螺杆2无螺纹轴端圆平面，如图 9-40 所示。然后，再选择尾架体上顶平面，如图 9-37 所示，在"放置"面板的"偏移"下拉列表中，选择"偏移"，在编辑框内输入 23，单击"放置"面板中的"新建约束"，在"约束类型"中，选择"插入"，在图形窗口内，选择螺杆 2 圆柱表面（图 9-40）。然后，再选择装配体 ϕ12 孔的内表面，如图 9-39 所示。单击"放置"面板中的"新建约束"，在"约束类型"中，选择"配对"，选择螺杆 12 包含 ϕ4 销孔轴线的基准面 FRONT（在模型树中选取），然后，再选择尾架体包含 ϕ24 孔轴线基准面 DTM2（在模型树中选取），角度偏移值为 0，"放置"面板如图 9-41 所示。单击操控板中的 ✔（绿色）按钮，完成 12_luogan.prt 零件添加，如图 9-42 所示。

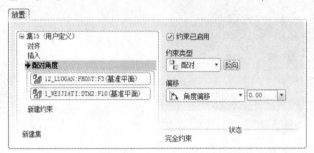

图 9-41 "放置"面板

（11）读取零件_手柄（5_shoubing.prt）。

单击工具栏中的 📂 按钮，在"打开"对话框中选中 5_shoubing.prt，单击"打开"按钮，手柄出现在图形窗口内。单击装配操控板中的"放置"按钮，展开"放置"面板，在"约束类型"中，选择"配对"，在图形窗口内，选择手柄下底环平面，如图 9-43 所示，然后，再选择尾架体上顶平面，如图 9-37 所示。单击"放置"面板中的"新建约束"，在"约束类型"中，选择"对齐"，在图形窗口内，选择手柄 ϕ4 孔的轴线 A_3（图 9-43），然后，再选择装配体中螺杆 2（ϕ4 销孔的轴线）A_2 ，如图 9-40 所示。单击"放置"面板中的"新建约束"，在"约束类型"中，选择"插入"，在图形窗口内，选择手柄孔的内表面（图 9-43），然后，再选择装配体中螺杆 2 伸出端的圆柱表面（图 9-40），单击操控板中的 ✔（绿色）按钮，完成 5_shoubing.prt 零件添加，如图 9-44 所示。

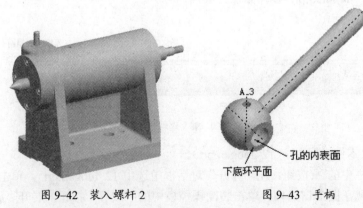

图 9-42 装入螺杆 2   图 9-43 手柄

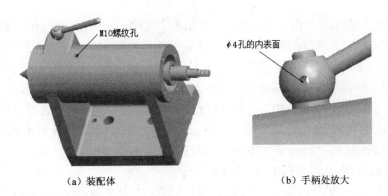

（a）装配体　　　　　　　　　　（b）手柄处放大

图 9-44　装入手柄

（12）读取零件_销 GB/T 119.1　4m6×25（xiao4-25.prt）。

单击工具栏中的 按钮，在"打开"对话框中选中 xiao4-25.prt ，单击"打开"按钮，销出现在图形窗口内。单击装配操控板中的"放置"按钮，展开"放置"面板，在"约束类型"中，选择"插入"，在图形窗口内，选择销圆柱表面，如图 9-45 所示，然后，再选择装配体中手柄ϕ4 孔的内表面，如图 9-44（b）所示。单击"放置"面板中的"新建约束"，在"约束类型"中，选择"对齐"，在图形窗口内，选择轴端圆平面（图 9-45），然后，在导航区，选择 5_shoubing.prt 的 FRONT 基准面，在"偏移"下拉列表中，选择"偏移"，在编辑框内输入 12.5 ，单击操控板中的 （绿色）按钮，完成 xiao4-25.prt 零件添加，如图 9-46 所示。

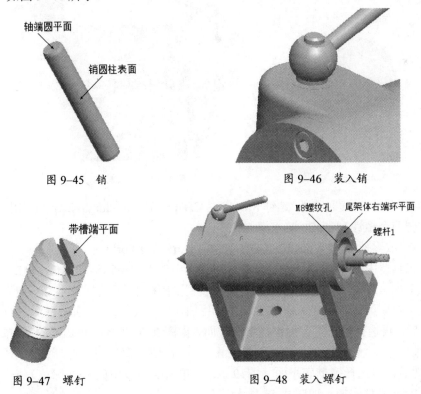

图 9-45　销　　　　　　　　　　图 9-46　装入销

图 9-47　螺钉　　　　　　　　　　图 9-48　装入螺钉

（13）读取零件_螺钉 M10×22　GB75—85（luoding10-22.prt）。

单击工具栏中的按钮，在"打开"对话框中选中 luoding10-22.prt ，单击"打开"按钮，螺钉 M10×22 出现在图形窗口内。单击装配操控板中的"放置"按钮，展开"放置"面板，在"约束类型"中，选择"对齐"，在图形窗口内，选择螺钉带槽端平面，如图 9-47 所示，然后，再选择尾架体上顶平面，如图 9-37 所示。单击"放置"面板中的"新建约束"，在"约束类型"中，选择"对齐"，在图形窗口内，选择螺钉基准轴，然后，再选择尾架体 M10 螺纹孔的基准轴，可参看图 9-44（a），单击操控板中的（绿色）按钮，完成 luoding10-22.prt 零件添加，如图 9-48 所示。

（14）读取零件_后端盖（9_houduangai.prt）。

单击工具栏中的按钮，在"打开"对话框中选中 9_houduangai.prt ，单击"打开"按钮，后端盖出现在图形窗口内。单击装配操控板中的"放置"按钮，展开"放置"面板，在"约束类型"中，选择"对齐"，在图形窗口内，选择后端盖基准轴 A_1，如图 9-49 所示，然后，再选择装配体中螺杆 1 的基准轴，参看图 9-48。单击"放置"面板中的"新建约束"，在"约束类型"中，选择"对齐"，在图形窗口内，选择后端盖 ϕ 9 孔的基准轴 A_2（图 9-49），然后，再选择尾架体 M8 螺纹孔的基准轴，参看图 9-48。单击"放置"面板中的"新建约束"，在"约束类型"中，选择"配对"，在图形窗口内，选择后端盖左端环平面（图 9-49），然后，再选择尾架体右端环平面（图 9-48），单击操控板中的（绿色）按钮，完成 9_houduangai.prt 零件添加，如图 9-50 所示。

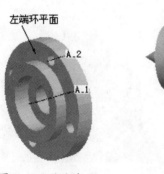

图 9-49 后端盖

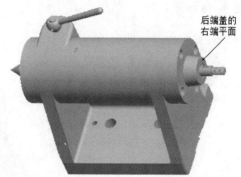

图 9-50 装入后端盖

（15）参看（7）读取零件_螺钉 M8×20 GB70—85（luoding8-20.prt），用同样的方法，将右侧四个螺钉 M8×20 装入螺纹孔中。

（16）读取零件_键 5×5×10 GB/T 1096（jian5-5-10.prt）。

单击工具栏中的按钮，在"打开"对话框中选中 jian5-5-10.prt ，单击"打开"按钮，键 5×5×10 出现在图形窗口内。单击装配操控板中的"放置"按钮，展开"放置"面板，在"约束类型"中，选择"插入"，在图形窗口内，选择键右侧柱面，如图 9-51 所示，然后，再选择螺杆 1 上的键槽右侧柱面，如图 9-52 所示。单击"放置"面板中的"新建约束"，在"约束类型"中，选择"配对"，在图形窗口内，选择键下底平面（图 9-51），然后，再选择键槽底平面（图 9-52），单击操控板中的（绿色）按钮，完成 jian5-5-10.prt 零件添加，如图 9-53 所示。

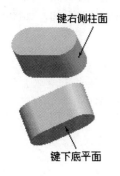

键右侧柱面

键下底平面

图9-51　键

键槽右侧柱面

键槽底平面

图9-52　螺杆1上的键槽

键的前侧平面

图 9-53　装入键

（17）读取零件_毛毡22（maozhan22.prt）。

在导航区选择"4_DINGJIAN.PRT"→ 右键 → 隐藏，如图 9-54 所示。

前端盖
梯形槽斜面

图 9-54　隐藏顶尖

选择毛毡22
的外圈斜面

A_1

图 9-55　选择毛毡22 外圈斜面

单击工具栏中的 按钮，在"打开"对话框中选中 maozhan22.prt，单击"打开"按钮，毛毡22 出现在图形窗口内。单击装配操控板中的"放置"按钮，展开"放置"面板，在"约束类型"中，选择"对齐"，在图形窗口内，选择毛毡22 的基准轴 A_1（图 9-55），然后，再选择装配体中前端盖的基准轴 A_1（参看图 9-34）。单击"放置"面板中的"新建约束"，在"约束类型"中，选择"配对"，在图形窗口内，选择毛毡22 的外圈斜面，如图 9-55 所示，然后，再选择装配体中前端盖梯形槽斜面（图 9-54），单击操控板中的
 （绿色）按钮，完成 maozhan22.prt 零件添加。

在导航区选择"4_DINGJIAN.PRT"→ 右键 → 取消隐藏。

（18）读取零件_手轮（10_shoulun.prt）。

单击工具栏中的 按钮，在"打开"对话框中选中 10_shoulun.prt ，单击"打开"按钮，手轮出现在图形窗口内。单击装配操控板中的"放置"按钮，展开"放置"面板，在"约束类型"中，选择"对齐"，在图形窗口内，选择手轮基准轴 A_1 ，如图 9-56（a）所示，然后，再选择装配体中螺杆 1 的基准轴，可参看图 9-48。单击"放置"面板中的"新建约束"，在"约束类型"中，选择"配对"，在图形窗口内，选择手轮（轮毂）键槽的前侧平面，如图 9-56（b）所示。然后，再选择键的前侧平面，如图 9-53 所示。单击"放置"面板中的"新建约束"，在"约束类型"中，选择"配对"，在图形

171

窗口内，选择手轮左端平面，如图 9–56（a）所示。然后，再选择后端盖的右侧平面，如图 9–50 所示。单击操控板中的 ✔（绿色）按钮，完成 10_shoulun.prt 零件添加，如图 9–57 所示。

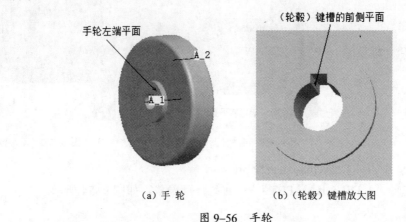

（a）手　轮　　　　　　　　（b）（轮毂）键槽放大图

图 9–56　手轮

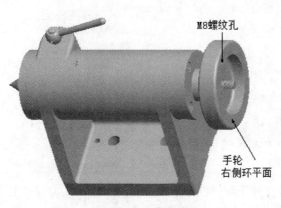

图 9–57　装入手轮

图 9–58　手把

（19）读取零件_手把（15_shouba.prt）。

单击工具栏中的 🖻 按钮，在"打开"对话框中选中 15_shouba.prt ，单击"打开"按钮，手把出现在图形窗口内。单击装配操控板中的"放置"按钮，展开"放置"面板，在"约束类型"中，选择"对齐"，在图形窗口内，选择手把基准轴 A_1（图 9–58），然后，再选择装配体中手轮上 M8 螺纹孔的基准轴，可参看图 9–57。单击"放置"面板中的"新建约束"，在"约束类型"中，选择"配对"，在图形窗口内，选择手把左端环平面，如图 9–58 所示，然后，再选择装配体中手轮右端环平面，如图 9–57 所示，单击操控板中的 ✔（绿色）按钮，如图 9–59 所示。

（20）读取零件_垫圈 12　GB97.1—85（dianquan12.prt）。

单击工具栏中的 🖻 按钮，在"打开"对话框中选中 dianquan12.prt，单击"打开"按钮，垫圈 12 出现在图形窗口内。单击装配操控板中的"放置"按钮，展开"放置"面板，在"约束类型"中，选择"对齐"，在图形窗口内，选择垫圈 12 的基准轴 A_1（图 9–60），然后，再选择装配体中螺杆 1 的基准轴，可参看图 9–48 。单击"放置"面板中的"新建约束"，在"约束类型"中，选择"配对"，在图形窗口内，选择垫圈 12 的环平面，如

图 9-60 所示。然后，再选择手轮凹入端环平面，如图 9-61 所示，单击操控板中的 ✓（绿色）按钮，完成 dianquan12.prt 零件添加，如图 9-62 所示。

图 9-59　装入手把

图 9-60　垫圈 12

图 9-61　与垫圈配对的平面

图 9-62　装入垫圈 12

（21）读取零件_螺母 M12　GB6170—86（luomu12.prt）。

单击工具栏中的 按钮，在"打开"对话框中选中 luomu12.prt，单击"打开"按钮，螺母 M12 出现在图形窗口内。单击装配操控板中的"放置"按钮，展开"放置"面板，在"约束类型"中，选择"对齐"，在图形窗口内，选择螺母 M12 的基准轴 A_1（图 9-63），然后，再选择装配体中螺杆 1 的基准轴（参看图 9-48）。单击"放置"面板中的"新建约束"，在"约束类型"中，选择"配对"，在图形窗口内，选择螺母 M12 环平面，如图 9-63 所示。然后，再选择垫圈环平面，如图 9-62 所示，单击操控板中的 ✓（绿色）按钮，完成 luomu12.prt 零件添加，如图 9-64 所示。

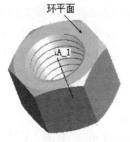

图 9-63　螺母

图 9-64　装入螺母

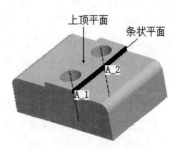

图 9-65　定位键

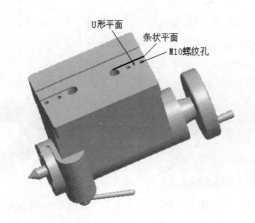

图 9-66 尾架旋转

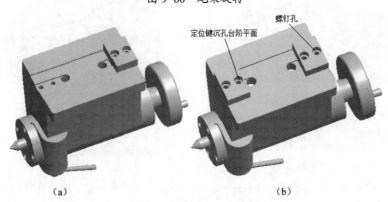

（a）　　　　　　　　　　　（b）

图 9-67 装入定位键

（22）读取零件_定位键（14_dingweijian.prt）。

单击工具栏中的 📷 按钮，在"打开"对话框中选中 14_dingweijian.prt，单击"打开"按钮，定位键出现在图形窗口内。单击装配操控板中的"放置"按钮，展开"放置"面板，在"约束类型"中，选择"配对"，在图形窗口内，选择定位键上顶平面，如图 9-65所示，然后，再选择尾架体底面的 U 形平面，如图 9-66 所示。单击"放置"面板中的"新建约束"，在"约束类型"中，选择"配对"，在图形窗口内，选择定位键条状平面（图9-65 涂黑处），然后，再选择尾架体底面的条状平面（图 9-66 涂黑处）。单击"放置"面板中的"新建约束"，在"约束类型"中，选择"对齐"，在图形窗口内，选择定位键孔的基准轴 A_2（图 9-65），然后，再选择尾架体底面 M10 螺纹孔的基准轴，参看图 9-66，单击操控板中的 ✔（绿色）按钮，完成 14_dingweijian.prt 零件添加，如图 9-67（a）所示。

用同样的方法，将另一个定位键装入，如图 9-67（b）所示。

（23）读取零件_螺钉 M10×25 GB70—85（luoding10-25.prt）。

单击工具栏中的 📷 按钮，在"打开"对话框中选中 luoding10-25.prt，单击"打开"按钮，螺钉 M10×25 出现在图形窗口内。单击装配操控板中的"放置"按钮，展开"放置"面板，在"约束类型"中，选择"配对"，在图形窗口内，选择螺钉圆柱头台阶平面，如图 9-36 所示，然后，再选择装配体中定位键沉孔台阶平面，如图 9-67（b）所示。单

174

击"放置"面板中的"新建约束"，在"约束类型"中，选择"对齐"，在图形窗口内，选择螺钉基准轴 A_1（图 9-36），然后，再选择定位键上螺钉孔的基准轴，参看图 9-67（b），单击操控板中的 ✓（绿色）按钮，完成 luoding10-25.prt 零件添加。

用同样的方法，将其余三个螺钉装入，如图 9-68 所示。

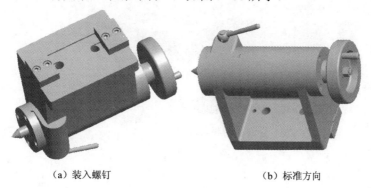

（a）装入螺钉   （b）标准方向

图 9-68　完成装配

9.3　分　解　视　图

实体模型装配完成后，可以创建装配模型的分解视图，从分解视图中可以更直观地了解机器或部件的内部组成、结构，通常用于设计产品结构说明书。本节以车床尾架装配体为实例，讲授如何使用自定义方式创建分解视图。

打开 wei_jia.asm 文件，选择主菜单中的"视图"→"分解"→"编辑位置"命令，如图 9-69 所示，弹出分解视图操控板，如图 9-70 所示，组件元件已经分解，但分解位置杂乱，为了使分解位置合理，需重新编辑分解位置。在图形窗口内，选择需要移动的元件，选中的元件由红色线框包围，在该元件中出现 x、y、z 直角坐标系，如图 9-71 所示，选中 x 轴，按住左键并移动鼠标，元件沿着 x 轴方向移动，若选中 y 轴，按住左键并移动鼠标，元件沿着 y 轴方向移动，若选中 z 轴，按住左键并移动鼠标，元件沿着 z 轴方向移动。

在图形窗口内，依次选取顶尖、轴套、螺母、螺钉、螺杆、后端盖、垫圈、手轮、手把等，移动到合适位置，单击操控板中的 ✓（绿色）按钮，完成视图分解，如图 9-72 所示。

图 9-69　"视图"下拉菜单

选择主菜单中的"视图"→"分解"→"取消分解视图"命令，恢复装配体，选择主菜单中的"视图"→"分解"→"分解视图"，分解视图，如图 9-72 所示。

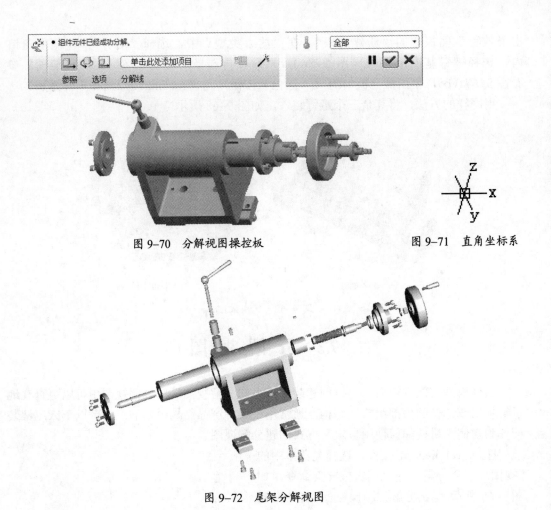

图 9-70 分解视图操控板

图 9-71 直角坐标系

图 9-72 尾架分解视图

练 习 题

1. 熟悉各种装配约束类型。
2. 练习尾架零件的装配。

第 10 章　创建工程图

零件的三维实体造型完成之后，为了便于加工制造，通常需要采用二维平面工程图来表达零件或装配组件。

工程图模块作为 Pro/E 系统的一个独立模块，用于建立零件和装配体的各种工程图，包括剖视图、辅助视图等。

在 Pro/E 系统中，工程图是直接由三维实体模型经过投影后得到的二维图形，因此，工程图与零件的三维实体模型紧密相关，一般不宜在二维平面图形中进行随意的结构修改，否则会破坏零件实体模型与视图之间的对应关系。

10.1　工程图基本知识

工程图是设计人员基于投影原理绘制的符合国家相关规范和标准，能充分表达设计产品的结构、尺寸以及加工信息等，并提供给制造者进行制造加工的图样。

在机械制图中，常用的投影方法有两种：第一分角投影法和第三分角投影法。

我国采用第一分角投影法（GB4458.1—84 中规定），而欧美等国家采用第三分角投影法，Pro/E 的默认值也是采用第三分角投影法，如图 10–1 和图 10–2 所示。

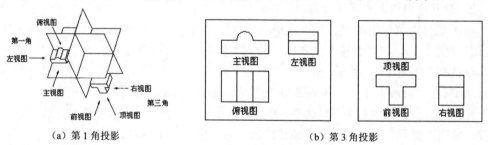

（a）第 1 角投影　　　　　　　　　　　　　（b）第 3 角投影

图 10–1　投影体系示意图　　　　　　　图 10–2　第 1 角和第 3 角投影图

10.2　创　建　视　图

本节讲解第 3 分角投影的三视图（顶视图、前视图、右视图）和第 1 分角投影的三视图（主视图、俯视图、左视图）等各种类型视图、剖视图的创建方法和步骤，并对创建的视图进行各种编辑视图的基本操作，最后生成 DWG 格式的 AutoCAD 文件。

10.2.1　创建基本视图

在 Pro/E 系统中，有两种方法创建基本视图，一是使用系统提供的模板自动创建三视图，二是使用空模板，再利用菜单命令创建三视图。下面以组合体为例，分别使用上述两种方法创建基本视图。

1. 第 3 分角投影的三视图（顶视图、前视图、右视图）

（1）启动 Pro/E，设置工作目录。

（2）选择主菜单中的"新建"菜单项，打开"新建"对话框，在"类型"栏中选择"绘图"，参看图 2–1，在"名称"文本框中输入文件名：t4–1，单击"确定"按钮，弹出"新建绘图"对话框，单击该对话框中的"浏览"按钮，弹出"打开"对话框，在该对话框中，找到并选中 t4–1.prt 文件，单击"打开"按钮，返回"新建绘图"对话框，如图 10–3 所示，单击该对话框中的"确定"按钮，系统自动创建完成组合体 t4–1 的三视图，如图 10–4 所示。

（3）保存文件到设置的工作目录下。

图 10–3　"新建绘图"对话框

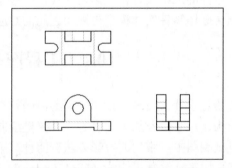

图 10–4　使用模板创建的三视图

2. 设置投影视角为第 1 分角

（1）选择主菜单中的"新建"菜单项，打开"新建"对话框，在"类型"栏中选择"绘图"（图 2–1），在"名称"文本框中输入文件名，单击"确定"按钮，弹出"新建绘图"对话框，如图 10–3 所示，在"指定模板"中，选择"空"，选择一种图纸幅面，如：选择 A4（在"标准大小"下拉列表框中选择），设置图纸方向，单击"缺省模型"栏中的"浏览"按钮，弹出"打开"对话框，在该对话框中，找到并选中需要创建工程图的 .prt 文件，单击"打开"按钮，返回"新建绘图"对话框，单击该对话框中的"确定"按钮，进入绘图区。

（2）选择主菜单中的"文件"→"绘图选项"命令，弹出"选项"对话框，在该对话框的左侧栏中，选择"projection_type"选项，把该选项的值（系统默认值为：third_angle）修改为：first_angle，如图 10–5 所示，单击该对话框中的"添加/更改"按钮，单击对话框中的"应用"按钮，单击"关闭"按钮。

3. 第 1 分角投影的三视图（主视图、俯视图、左视图）

（1）选择主菜单中的"新建"菜单项，打开"新建"对话框，在"类型"栏中选择"绘图"，在"名称"文本框中输入文件名：t4–11，单击"确定"按钮，弹出"新建绘图"对话框，如图 10–3 所示，在"指定模板"中，选择"空"，选择图纸幅面 A4（在"标准大小"下拉列表框中选择），设置图纸方向为"横向"，单击"缺省模型"栏中的"浏览"按钮，弹出"打开"对话框，在该对话框中，找到并选中 t4–11.prt 文件，单击"打开"

按钮，返回"新建绘图"对话框，单击该对话框中的"确定"按钮，进入绘图区，设置投影视角为第1分角。

图 10-5 "选项"对话框

（2）单击标准工具栏中的 （创建普通视图）按钮，系统提示：选取绘制视图的中心点，在图形窗口内，点1位置（图10-6）单击鼠标左键，系统弹出"绘图视图"对话框，如图10-7所示，在"模型视图名"栏中，选择"标准方向"或"缺省方向"，单击该对话框中的"确定"按钮，如图10-8所示。

（3）单击标准工具栏中的 （创建普通视图）按钮，系统提示：选取绘制视图的中心点，在图形窗口内，点2位置（图10-8）单击鼠标左键，系统弹出"绘图视图"对话框，如图10-7所示，在"模型视图名"栏中，选择FRONT，单击该对话框中的"确定"按钮，如图10-9所示。

图 10-6 点 1 位置

图 10-7 "绘图视图"对话框

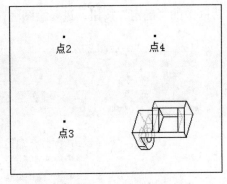

图 10-8　创建普通视图

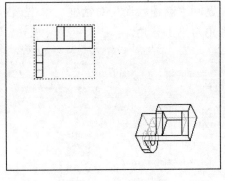

图 10-9　创建主视图

（4）单击标准工具栏中的 ▣— 投影…（创建投影视图）按钮，系统提示：选取投影父视图。在绘图区，选择点 2 位置的主视图，移动鼠标至点 3 位置，单击鼠标左键，生成俯视图，如图 10-10 所示。

（5）单击标准工具栏中的 ▣— 投影…（创建投影视图）按钮，系统提示：选取投影父视图。在绘图区，选择点 2 位置的主视图，移动鼠标至点 4 位置，单击鼠标左键，生成左视图，如图 10-11 所示。

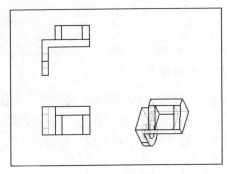

图 10-10　主、俯视图

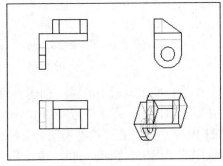

图 10-11　三视图

（6）保存文件到设置的工作目录下。

10.2.2　创建视图、剖视图

创建视图时，应该掌握视图放置的基本原则和步骤。一般先放置主视图，把最能反映零件结构特征的方向作为主视图的投影方向，并尽量与其工作位置或加工位置保持一致。主视图确定后，根据零件内外结构的复杂程度来决定其它视图的数量及剖面位置，在完整、准确地表达零件结构特征的前提下，力求制图简便。

1．普通视图

在 Pro/E"绘图"模块中，与其它视图无关的视图，以默认方式方向显示，如图 10-8 所示。

2．投影视图

正交投影视图，即：零件在三投影面体系中，进行正交投影创建的视图，如图 10-4 和图 10-11 创建的三视图。

180

3．全剖视图

用剖切平面将零件完全剖开后形成的剖视图，称为全剖视图。

（1）选择主菜单中的"新建"菜单项，打开"新建"对话框，在"类型"栏中选择"绘图"，在"名称"文本框中输入文件名：9_houduangai，单击"确定"按钮，弹出"新建绘图"对话框，在"指定模板"中，选择"空"，选择图纸幅面 A4，设置图纸方向为"横向"，单击"缺省模型"栏中的"浏览"按钮，弹出"打开"对话框，在该对话框中，找到并选中 9_houduangai.prt 文件，单击"打开"按钮，返回"新建绘图"对话框，单击该对话框中的"确定"按钮，进入绘图区，设置投影视角为第 1 分角。

（2）单击标准工具栏中的 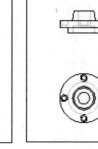（创建普通视图）按钮，系统提示：选取绘制视图的中心点，在图形窗口内，点 1 位置（图 10-6）单击鼠标左键，弹出"绘图视图"对话框。在"模型视图名"栏中，选择"标准方向"或"缺省方向"，单击该对话框中的"确定"按钮，如图 10-12 所示。

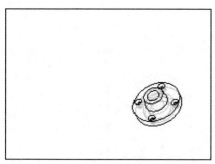
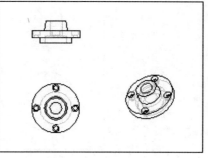

图 10-12　创建普通视图　　　　　图 10-13　创建基本视图

（3）单击标准工具栏中的 （创建普通视图）按钮，系统提示：选取绘制视图的中心点，在图形窗口内，点 2 位置（图 10-8）单击鼠标左键，弹出"绘图视图"对话框。在"模型视图名"栏中，选择 FRONT，单击该对话框中的"确定"按钮。

（4）单击标准工具栏中的 投影… （创建投影视图）按钮，系统提示：选取投影父视图。在绘图区，选择点 2 位置的主视图，移动鼠标至点 3 位置，单击鼠标左键，生成俯视图，如图 10-13 所示。

（5）在图形窗口内，鼠标左键双击图 10-13 所示的主视图，弹出"绘图视图"对话框。在"类别"栏中，选择"截面"，在"剖面选项"栏中，选择"2D 剖面"，单击 （将横截面添加到视图）按钮，弹出"菜单管理器"的"剖截面创建"菜单，如图 10-14 和 10-15 所示，依次选择菜单中的"平面"→"单一"→"完成"命令，系统提示：输入剖面名[退出]：在编辑框内输入"A"，继续提示：选取平面或基准平面。选取 FRONT 基准面（可以在导航区选择），单击"绘图视图"对话框中的"确定"按钮，生成全剖主视图，如图 10-16 所示。

（6）保存文件到设置的工作目录下。

4．半剖视图

以零件的对称平面为界，一半画成视图表达外部结构形状，另一半画成剖视图表达内部结构形状，这样的图形称为半剖视图。

181

图 10-14 "绘图视图"对话框"

图 10-15 "菜单管理器"

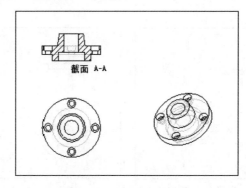

图 10-16 全剖的主视图

（1）选择主菜单中的"新建"菜单项，打开"新建"对话框。在"类型"栏中选择"绘图"，在"名称"文本框中输入文件名：t5-42，单击"确定"按钮，弹出"新建绘图"对话框，在"指定模板"中，选择"空"，选择图纸幅面 A4，设置图纸方向为"横向"，单击"缺省模型"栏中的"浏览"按钮，弹出"打开"对话框，在该对话框中，找到并选中 t5-42.prt 文件，单击"打开"按钮，返回"新建绘图"对话框，单击该对话框中的"确定"按钮，进入绘图区，设置投影视角为第 1 分角。

（2）单击标准工具栏中的 （创建普通视图）按钮，系统提示：选取绘制视图的中心点，在图形窗口内，点 1 位置（图 10-6）单击鼠标左键，弹出"绘图视图"对话框。在"模型视图名"栏中，选择"标准方向"或"缺省方向"，单击该对话框中的"确定"按钮。

（3）单击标准工具栏中的 （创建普通视图）按钮，系统提示：选取绘制视图的中心点，在图形窗口内，点 2 位置（图 10-8）单击鼠标左键，弹出"绘图视图"对话框。在"模型视图名"栏中，选择 FRONT，单击该对话框中的"确定"按钮，如图 10-17 所示。

（4）单击标准工具栏中的 （创建投影视图）按钮，系统提示：选取投影俯视图。在绘图区，选择点 2 位置的主视图，移动鼠标至点 3 位置，单击鼠标左键，生成

182

俯视图，如图 10-18 所示。

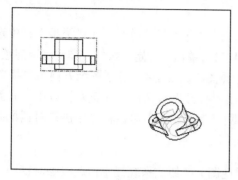

图 10-17　创建主视图

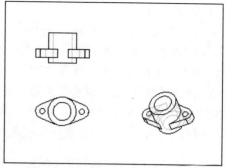

图 10-18　创建主、俯视图

图 10-19　"绘图视图"对话框

（5）在图形窗口内，鼠标左键双击图 10-18 所示的主视图，弹出"绘图视图"对话框，在"类别"栏中，选择"截面"，在"剖面选项"栏中，选择"2D 剖面"，单击 ➕ （将横截面添加到视图）按钮，弹出"菜单管理器"的"剖截面创建"菜单，依次选择菜单中的"平面"→"单一"→"完成"命令，系统提示：输入剖面名[退出]：在编辑框内输入"B"，继续提示：选取平面或基准平面，选取 FRONT 基准面（可以在导航区选择），在"绘图视图"对话框的"剖切区域"栏中，选择"一半"选项，继续提示：为半截面创建选取参限平面，选取 RIGHT 基准面，如图 10-19 和图 10-20 所示，继续提示：拾取侧，选取 RIGHT 基准面的右侧（图 10-20），单击"绘图视图"对话框中的"确定"按钮，生成半剖主视图，如图 10-21 所示。

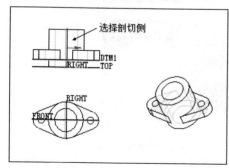

图 10-20　选择剖切侧

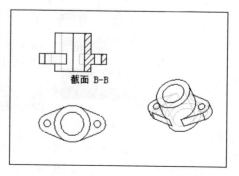

图 10-21　创建半剖主视图

（6）保存文件到设置的工作目录下。

5. 旋转剖视图

（1）选择主菜单中的"新建"菜单项，打开"新建"对话框，在"类型"栏中选择"绘图"，在"名称"文本框中输入文件名：t4–21，单击"确定"按钮，弹出"新建绘图"对话框，在"指定模板"中，选择"空"，选择图纸幅面A4，设置图纸方向为"横向"，单击"缺省模型"栏中的"浏览"按钮，弹出"打开"对话框，在该对话框中，找到并选中t4–21.prt文件，单击"打开"按钮，返回"新建绘图"对话框，单击该对话框中的"确定"按钮，进入绘图区，设置投影视角为第1分角。

（2）单击标准工具栏中的 按钮，系统提示：选取绘制视图的中心点，在图形窗口内，点1位置单击鼠标左键，弹出"绘图视图"对话框，在"模型视图名"栏中，选择"标准方向"或"缺省方向"，单击该对话框中的"确定"按钮。

（3）单击标准工具栏中的 按钮，系统提示：选取绘制视图的中心点，在图形窗口内，点2位置单击鼠标左键，弹出"绘图视图"对话框，在"模型视图名"栏中，选择FRONT，单击该对话框中的"确定"按钮，如图10–22所示。

（4）单击标准工具栏中的 按钮，系统提示：选取投影父视图。在绘图区，选择点2位置的主视图，移动鼠标至点3位置，单击鼠标左键，生成俯视图，如图10–23所示。

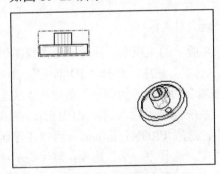
图10–22 创建主视图

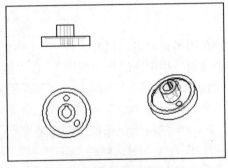
图10–23 创建主、俯视图

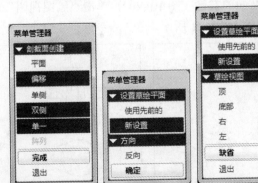
图10–24 菜单管理器

184

（5）在图形窗口内，鼠标左键双击图 10-23 所示的主视图，弹出"绘图视图"对话框，在"类别"栏中，选择"截面"，在"剖面选项"栏中，选择"2D 剖面"，单击 **╋**（将横截面添加到视图）按钮，弹出"菜单管理器"的"剖截面创建"菜单，选择菜单中的"偏移"→"双侧"→"单一"→"完成"命令，如图 10-24 所示，系统提示：输入剖面名[退出]：在编辑框内输入"C"，系统进入 3D 零件模式，并提示：选取或创建一个草绘平面，选择顶平面为草绘平面，如图 10-25 所示，红色箭头表示查看草绘平面的方向，依次选择菜单中的"确定"→"缺省"（图 10-24），系统进入草绘平面，并弹出"参照"对话框，选择 FRONT 基准面，参看图 4-24，关闭"参照"对话框。绘制如图 10-26 所示的草绘截面，单击工具栏中的 **✓**（蓝色）按钮，返回工程图模块，在"绘图视图"对话框的"剖切区域"栏中，选择"全部（对齐）"选项，系统提示：选取轴（在轴线上选取），打开基准轴显示开关，单击标准工具栏中的 **☑**（重画当前视图）按钮，选择组合体的"旋转轴线"。再用鼠标左键单击"绘图视图"对话框中"箭头显示"栏中的"选取项目"，如图 10-27 所示，系统提示：给箭头选出一个截面在其处垂直的视图，中键取消。选择如图 10-23 所示的俯视图为剖面箭头的放置视图，单击"绘图视图"对话框中的"确定"按钮，生成旋转剖主视图，如图 10-28 所示。

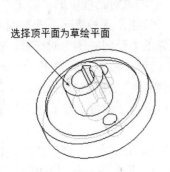

图 10-25　选择草绘平面

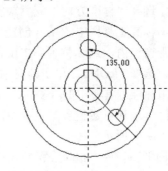

图 10-26　草绘截面

图 10-27　"绘图视图"对话框

（6）保存文件到设置的工作目录下。

6．阶梯剖视图

（1）选择主菜单中的"新建"菜单项，打开"新建"对话框，在"类型"栏中选择"绘图"，在"名称"文本框中输入文件名：biaozhunkong，单击"确定"按钮，弹出"新建绘图"对话框，在"指定模板"中，选择"空"，选择图纸幅面 A4，设置图纸方向为

"横向"，单击"缺省模型"栏中的"浏览"按钮，弹出"打开"对话框，在该对话框中，找到并选中 biaozhunkong.prt 文件，单击"打开"按钮，返回"新建绘图"对话框，单击该对话框中的"确定"按钮，进入绘图区，设置投影视角为第 1 分角。

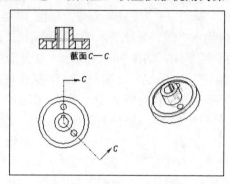

图 10-28　创建旋转剖主视图

（2）单击标准工具栏中的 🖥（创建普通视图）按钮，系统提示：选取绘制视图的中心点，在图形窗口内，点 1 位置单击鼠标左键，弹出"绘图视图"对话框，在"模型视图名"栏中，选择"标准方向"或"缺省方向"，单击该对话框中的"确定"按钮。

（3）单击标准工具栏中的 🖥（创建普通视图）按钮，系统提示：选取绘制视图的中心点，在图形窗口内，点 2 位置单击鼠标左键，弹出"绘图视图"对话框，在"模型视图名"栏中，选择 FRONT，单击该对话框中的"确定"按钮。

（4）单击标准工具栏中的 🔲·投影...（创建投影视图）按钮，系统提示：选取投影父视图。在绘图区，选择点 2 位置的主视图，移动鼠标至点 3 位置，单击鼠标左键，生成俯视图，如图 10-29 所示。

（5）在图形窗口内，鼠标左键双击图 10-29 所示的主视图，弹出"绘图视图"对话框，在"类别"栏中，选择"截面"，在"剖面选项"栏中，选择"2D 剖面"，单击 ➕（将横截面添加到视图）按钮，弹出"菜单管理器"的"剖截面创建"菜单，选择菜单中的"偏移"→"双侧"→"单一"→"完成"命令，系统提示：输入剖面名[退出]：在编辑框内输入"D"，系统进入 3D 零件模式，并提示：选取或创建一个草绘平面，选择上平面为草绘平面，如图 10-30 所示，红色箭头表示查看草绘平面的方向。依次选择菜单中的"确定"→"缺省"，进入草绘平面，绘制如图 10-31 所示的草绘截面，单击工具栏中的 ✔（蓝色）按钮，返回工程图模块，鼠标左键单击"绘图视图"对话框中"箭头

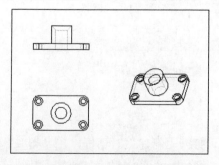

图 10-29　创建主、俯视图

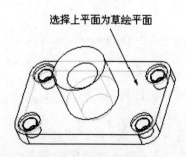

选择上平面为草绘平面

图 10-30　选择草绘平面

显示"栏中的"选取项目",参看图 10-27,系统提示:给箭头选出一个截面在其处垂直的视图,中键取消。选择图 10-29 所示的俯视图为剖面箭头的放置视图,单击"绘图视图"对话框中的"确定"按钮,生成阶梯剖主视图,如图 10-32 所示。

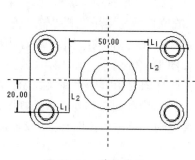

图 10-31　草绘截面

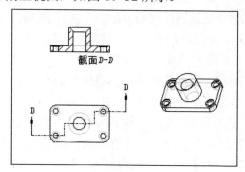

图 10-32　创建阶梯剖视图

(6)保存文件到设置的工作目录下。

7. 移出断面

(1)选择主菜单中的"新建"菜单项,打开"新建"对话框,在"类型"栏中选择"绘图",在"名称"文本框中输入文件名:t5-43,单击"确定"按钮,弹出"新建绘图"对话框,在"指定模板"中,选择"空",选择图纸幅面 A4,设置图纸方向为"横向",单击"缺省模型"栏中的"浏览"按钮,弹出"打开"对话框,在该对话框中,找到并选中 t5-43.prt 文件,单击"打开"按钮,返回"新建绘图"对话框,单击该对话框中的"确定"按钮,进入绘图区,设置投影视角为第 1 分角。

(2)单击标准工具栏中的 （创建普通视图)按钮,系统提示:选取绘制视图的中心点,在图形窗口内,点 1 位置单击鼠标左键,弹出"绘图视图"对话框,在"模型视图名"栏中,选择"标准方向"或"缺省方向",单击该对话框中的"确定"按钮。

(3)单击标准工具栏中的 （创建普通视图)按钮,系统提示:选取绘制视图的中心点,在图形窗口内,点 2 位置单击鼠标左键,弹出"绘图视图"对话框,在"模型视图名"栏中,选择 FRONT,单击该对话框中的"确定"按钮,如图 10-33 所示。

(4)单击标准工具栏中的 （创建普通视图)按钮,系统提示:选取绘制视图的中心点,在图形窗口内,点 5 位置(图 10-33)单击鼠标左键,弹出"绘图视图"对话框,在"模型视图名"栏中,选择 LEFT,单击该对话框中的"确定"按钮。

(5)单击标准工具栏中的 （创建普通视图)按钮,系统提示:选取绘制视图的中心点,在图形窗口内,点 6 位置(图 10-33)单击鼠标左键,弹出"绘图视图"对话框,在"模型视图名"栏中,选择 LEFT,单击该对话框中的"确定"按钮,如图 10-34 所示。

(6)在图形窗口内,鼠标左键双击图 10-34 所示的 LEFT1 视图,弹出"绘图视图"对话框,在"类别"栏中,选择"截面",在"剖面选项"栏中,选择"2D 剖面",单击 （将横截面添加到视图)按钮,弹出"菜单管理器"的"剖截面创建"菜单,选择菜单中的"平面"→"单一"→"完成"命令,系统提示:输入剖面名[退出]:在编辑框内输入"E",系统提示:选取平面曲面或基准平面。选择菜单中的"产生基准",弹出新的菜单,并提示:从"基准平面"菜单中选取选项。选择菜单中的"偏移",系统提示:从下面选取一个显示平面、坐标系。打开基准面显示开关 ⬚,单击标准工具栏中的 ⬚ (重画当前视图) 按钮,选择 RIGHT 基准面 (可以在模型树中选取),如图 10–35 所示,弹出新的菜单,并提示:为偏移值选取模型上的位置或从菜单选择"输入值"。选择菜单中的"输入值",系统提示:输入指定方向的偏移,按 ESC 键退出。在编辑框内输入 15,选择菜单中的"完成"命令,菜单管理器如图 10–36 所示,在"绘图视图"对话框的"模型边可见性"中,选择"区域"选项,再选择该对话框中"箭头显示"栏中的"选取项目"(参看图 10–27),系统提示:给箭头选出一个截面在其处垂直的视图,中键取消,选择图 10–34 所示的主视图为断面箭头放置视图,单击"绘图视图"对话框中的"确定"按钮,生成截面 E—E,如图 10–37 所示。

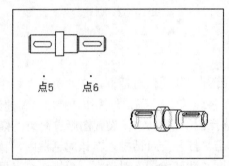

图 10–33　创建主视图

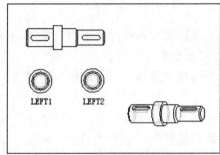

图 10–34　准备创建断面图

（7）重复步骤 6，鼠标左键双击 LEFT2 视图，创建断面 2（输入指定方向的偏移，在编辑框内输入 72），如图 10–38 所示。

（8）保存文件到设置的工作目录下。

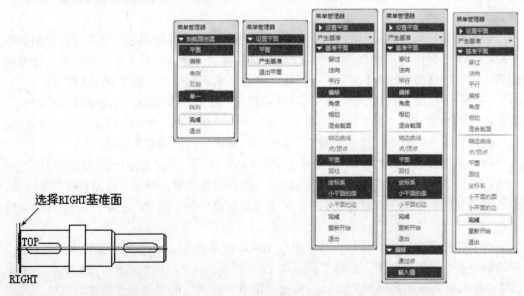

图 10–35　选择 RIGHT 基准面　　　　　　图 10–36　"菜单管理器"菜单

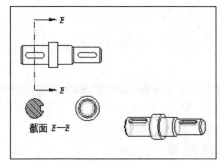

图 10-37 创建断面 LEFT1

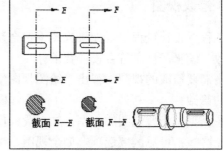

图 10-38 创建断面 LEFT2

10.3 编 辑 视 图

一般视图、投影视图等基本视图创建完成后，往往还要对其进行编辑，如移动、删除、修改等，便于后续的尺寸标注，也使整个图纸画面布局更合理、美观。

10.3.1 移动视图

在图形窗口内放置视图后，有时需要移动视图。移动视图的方法比较简单，首先选择需要移动的视图，选中的视图由红色虚线框包围，如图 10-39 所示，单击鼠标右键，弹出快捷菜单，如图 10-40 所示，选择"锁定视图移动"命令（去掉前面的√符号），按住左键并移动鼠标，即可移动视图。

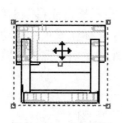

图 10-39 选择视图   图 10-40 快捷菜单

注意：创建一般视图后，可以使用该方法任意移动视图，但是，在一般视图的基础上创建其它投影视图后，由于投影视图必需满足投影关系，因此，不能在图形窗口内任意移动，只能在特定方向上移动视图，并保证满足投影关系。

10.3.2 删除视图

如果要删除图形窗口内的某个视图，只需选中该视图，并单击鼠标右键，在弹出的快捷菜单中，选择"删除"命令，或直接按键盘上的 Delete 键，弹出"确认"对话框，单击对话框中的"是"，删除所选视图，单击"否"，取消删除操作，如果删除的视图为父视图，则其子视图也同时被删除。

10.3.3　修改视图

在工程图设计过程中，如果视图不符合设计要求，可以通过修改视图的方法对视图进行修改、编辑，使之符合设计要求。

双击需要修改的视图，弹出"绘图视图"对话框，利用菜单的各项功能可以完成指定视图的修改。

视图类型：修改视图的类型，如一般、投影、详细、辅助等。

可见区域：可见区域选项，如全视图、半视图、局部视图等。

比例：修改具有比例属性视图的比例。

剖面：剖面选项，如无剖面、2D 截面、单个零件曲面等。

视图状态：视图处于简化表示或操作状态。

视图显示：修改视图的显示模式，如是否显示隐藏线等。

原点：重新设置视图的原点。

对齐：一个视图与另一个视图对齐。

10.4　尺　寸　标　注

工程图创建完成后，需要对其进行尺寸标注、尺寸标注修改等进一步完善表达视图信息相关内容的添加。

10.4.1　尺寸标注

（1）创建组合体的三视图（主视图、俯视图、左视图）和轴侧图，如图 10–41 所示。

（2）选择标准工具栏中的"注释"选项卡，单击"显示模型注释"区域中的 ⊢⊣（使用新参照创建尺寸）按钮，系统提示：选取图元进行尺寸标注或尺寸移动，中键完成。在绘图区，依次选择需要标注尺寸的图线，并在图线外侧适当位置单击鼠标中键，完成尺寸标注，参看图 10–42 尺寸标注。

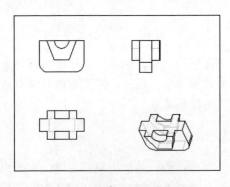

图 10–41　创建三视图和轴测图

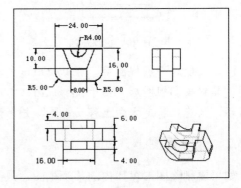

图 10–42　尺寸标注

10.4.2　尺寸标注修改

尺寸标注完成后，为了使视图更加美观，尺寸放置更合理，可以对尺寸进行修改，如移动尺寸等。

选择需要移动的尺寸，选中的尺寸呈红色，光标在选中的尺寸当中显示为 ✛ 形状，如图 10–43 所示，按住左键并移动鼠标，在合适的位置放开鼠标，完成尺寸移动，图 10–42 为完成移动尺寸的尺寸标注。

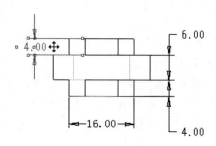

图 10–43　尺寸修改

10.5　输出 AutoCAD 格式

AutoCAD 作为当今世界上功能强大的二维 CAD 绘图软件，基本符合我国国标，并被大多数机械工程师所掌握。我们可以将使用 Pro/E 创建的工程图以某一格式输出，再利用 AutoCAD 软件调用该文件，进一步完善工程图。

选择主菜单中的"文件"→"保存副本"命令，弹出"保存副本"对话框，如图 10–44 所示。在该对话框的"类型"下拉列表中，选择 DWG 格式，单击"确定"按钮，又弹出"DWG 的导出环境"对话框，如图 10–45 所示。单击该对话框中的"确定"按钮，系统提示：DWG 文件已经创建。

图 10–44　"保存副本"对话框

图 10–45　"DWG 的导出环境"
对话框

10.6 实 例 应 用

本节通过尾架体和仪表车床尾架三维实体生成二维工程图的操作过程，对工程图有一个全面的学习和运用。

10.6.1 尾架体零件图

1. 创建标准图框

（1）启动 Pro/E 5.0，设置工作目录。

（2）单击标准工具栏中的 （创建新对象）按钮，弹出"新建"对话框，在"类型"栏中选择"格式"，在"名称"文本框中输入"a4"，单击"确定"按钮，弹出"新格式"对话框，在"指定模板"中选择"空"，在"方向"中，选择"横向"，在"标准大小"中选择"A4"，如图 10-46 所示，单击"确定"按钮，进入"格式"区域。

图 10-46 "新格式"对话框

图 10-47 "选取"对话框

图 10-48 "修改线造型"对话框

图 10-49 "菜单管理器"

（3）单击标准工具栏中的 （更改单独线的线造型）按钮，弹出"菜单管理器"，系统提示：选取要用新线造型显示的项目。按住 Ctrl 键，选择图框的 4 条边线（选中的边框线呈红色），单击"选取"对话框中的"确定"按钮（图 10-47 所示），弹出"修改线造型"对话框，设置线"宽度"为 0.3，单击该对话框中的"应用"按钮，如图 10-48 所示，再单击"关闭"按钮。选择"菜单管理器"中的"完成/返回"命令，如图 10–49 所示。

（4）单击标准工具栏中的"表"选项卡，选择工具栏中的 🗒️（通过指定列和行尺寸插入一个表）命令，弹出"菜单管理器"的"创建表"菜单，依次选择菜单中的"升序"、"左对齐"、"按长度"和"图元上"，如图 10–50 所示，系统提示：确定表的右下角。鼠标左键单击图框线的右下角，如图 10–51 所示，系统提示：用绘图单位（mm）输入第一列的宽度[退出]：输入 60✓，35✓，15✓,20✓,35✓,15✓，空回车，继续提示：用绘图单位（mm）输入第一行的高度[退出]：输入 7✓，7✓,7✓， 7✓，空回车，创建标题栏，如图 10–52 所示。

图 10–50　"菜单管理器"

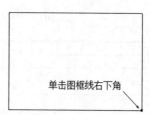

图 10–51　单击图框线的右下角

（5）单击标准工具栏中的 ⬚合并单元格... （将所选的单元格合并为一个单元格，并移除单元格之间的边界）按钮，系统提示：为一个拐角选出表单元。选择需要合并的表格，根据标题栏进行修改，合并修改完成后的标题栏，如图 10–53 所示。

图 10–52　创建标题栏

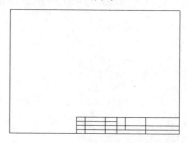

图 10–53　合并修改标题栏表格

（6）鼠标双击标题栏中的某一单元格，弹出"注解属性"对话框，在该对话框的"文本"选项卡内，输入文本，如图 10–54（a）所示。选中文本，在"文本样式"选项卡内，调整"字符"高度，文本的"水平"和"垂直"位置等，如图 10–54（b）所示，单击对话框中的"预览"按钮，预览文字的大小和位置，并随时调整，调整合适后，单击"确定"按钮，标题栏中的文字如图 10–55 所示。

（7）保存文件到设定的工作目录下。

2. 创建视图

（1）单击标准工具栏中的 🗋（创建新对象）按钮，弹出"新建"对话框，在"类型"

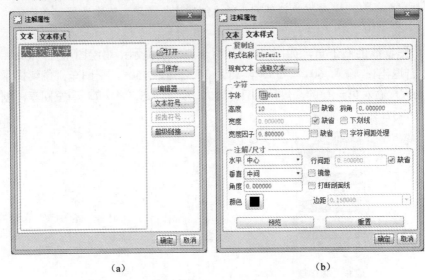

(a)　　　　　　　　　　　　　　(b)

图 10-54　"注解属性"对话框

设计			大连交通大学
校核			
审核		比 例	
班级		共 张 第 张	

图 10-55　标题栏中的文字

栏中选择"绘图"，在"名称"文本框中输入"1_weijiati"，单击"确定"按钮，弹出"新建绘图"对话框，在"指定模板"中选择"格式为空"，在"格式"中，"浏览"选择刚创建完成的"a4.frm"，再单击"缺省模型"中的"浏览"按钮，选择"1_weijiati.prt"后，"新建绘图"对话框如图 10-56 所示，单击"确定"按钮，进入绘图区，设置投影视角为第 1 分角。

图 10-56　"新建绘图"对话框

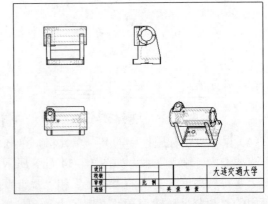

图 10-57　尾架体三视图

　　（2）单击标准工具栏中的 🖥（创建普通视图）按钮，系统提示：选取绘制视图的中心点，在图形窗口内，点 1 位置单击鼠标左键，弹出"绘图视图"对话框，在"模型视

194

图名"栏中，选择"标准方向"或"缺省方向"，单击该对话框中的"确定"按钮。

（3）单击标准工具栏中的 ![] （创建普通视图）按钮，系统提示：选取绘制视图的中心点，在图形窗口内，点 2 位置单击鼠标左键，弹出"绘图视图"对话框，在"模型视图名"栏中，选择 FRONT，单击该对话框中的"确定"按钮。

（4）单击标准工具栏中的 ![投影...] （创建投影视图）按钮，系统提示：选取投影父视图。在绘图区，选择点 2 位置的主视图，移动鼠标至点 3 位置，单击鼠标左键，生成俯视图。

（5）单击标准工具栏中的 ![投影...] （创建投影视图）按钮，系统提示：选取投影父视图。在绘图区，选择点 2 位置的主视图，移动鼠标至点 4 位置，单击鼠标左键，生成左视图，如图 10-57 所示。

（6）在图形窗口内，鼠标左键双击图 10-57 所示的主视图，弹出"绘图视图"对话框，在"类别"栏中，选择"截面"，在"剖面选项"栏中，选择"2D 剖面"，单击 ![+] （将横截面添加到视图）按钮，弹出"菜单管理器"的"剖截面创建"菜单，依次选择菜单中的"平面"→"单一"→"完成"命令，系统提示：输入剖面名[退出]：在编辑框内输入"A"，继续提示：选取平面或基准平面，选取 FRONT 基准面（可以在导航区选择），在"绘图视图"对话框的"剖切区域"栏中，选择"局部"选项，系统提示：选取截面间断的中心点<A>。在主视图适当位置，单击鼠标左键，继续提示：草绘样条，不相交其它样条，来定义一轮廓线。围绕中心点，绘制剖切区域范围，单击中键完成区域绘制，如图 10-58 所示，单击"绘图视图"对话框中的"确定"按钮，生成局部剖主视图，如图 10-59 所示。

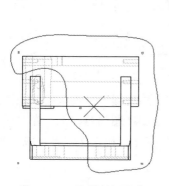

图 10-58　绘制剖切区域

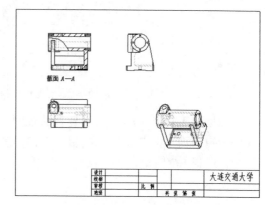

图 10-59　生成局部剖主视图

（7）在图形窗口内，鼠标左键双击图 10-59 所示的左视图，弹出"绘图视图"对话框。在"类别"栏中，选择"截面"，在"剖面选项"栏中，选择"2D 剖面"，单击 ![+] （将横截面添加到视图）按钮，弹出"菜单管理器"的"剖截面创建"菜单。选择菜单中的"偏移"→"双侧"→"单一"→"完成"命令，系统提示：输入剖面名[退出]：在编辑框内输入"B"，系统进入 3D 零件模式，并提示：选取或创建一个草绘平面，选择 FRONT 基准面（可以在导航区选择），依次选择菜单中的"确定"→"缺省"，进入草绘平面，绘制如图 10-60 所示的草绘截面，单击工具栏中的 ![✓] （蓝色）按钮，返回工程图模块，鼠标左键单击"绘图视图"对话框中"箭头显示"栏中的"选取项目"，参看图 10-27，系统提示：给箭头选出一个截面在其处垂直的视图，中键取消。选择图 10-59

所示的主视图为剖面箭头的放置视图，单击"绘图视图"对话框中的"确定"按钮，生成阶梯剖左视图，如图 10-61 所示。

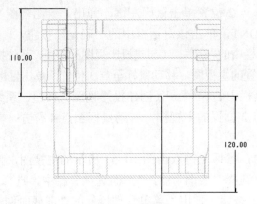

图 10-60　草绘截面

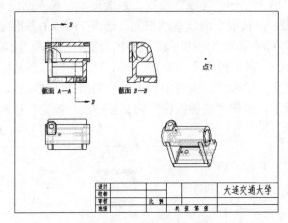

图 10-61　生成阶梯剖左视图

　　（8）单击标准工具栏中的 （创建普通视图）按钮，系统提示：选取绘制视图的中心点，在图形窗口内，点 7 位置单击鼠标左键，弹出"绘图视图"对话框，在"模型视图名"栏中，选择 BOTTM，单击该对话框中的"确定"按钮，在点 7 位置生成仰视图，如图 10-62 所示。

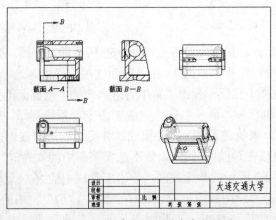

图 10-62　在点 7 位置生成仰视图

196

（9）在图形窗口内，鼠标左键双击图 10-62 所示点 7 位置的仰视图，弹出"绘图视图"对话框，在"类别"栏中，选择"可见区域"，在"视图可见性"下拉列表中，选择"局部视图"，系统提示：选取新的参照点。单击"确定"完成。在点 7 位置的仰视图中选择一点，继续提示：在当前视图上草绘样条来定义外部边界。围绕中心点，绘制局部视图范围，单击中键完成范围绘制，如图 10-63 所示。"绘图视图"对话框，如图 10-64 所示。单击对话框中的"确定"按钮，创建局部视图，如图 10-65 所示。

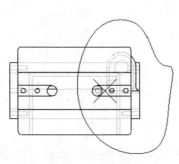

图 10-63　绘制局部视图范围

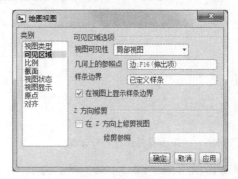

图 10-64　"绘图视图"对话框

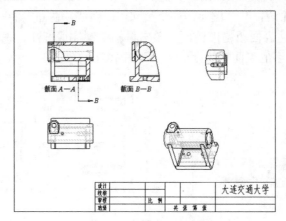

图 10-65　创建局部视图

3. 创建轴线

选择标准工具栏中的"注释"选项卡，单击标准工具栏中的 ![icon]（显示自模型的注释）按钮，弹出"显示模型注释"对话框。打开基准轴显示开关 ![icon]，选择对话框中的 ![icon] 选项卡，按住 Ctrl 键，依次选择需要标注尺寸的轴线，该对话框如图 10-66 所示，单击对话框中的"确定"按钮。

4. 标注尺寸

在"注释"选项卡中，单击"显示模型注释"区域中的 ![icon]（使用新参照创建尺寸）按钮，系统提示：选取图元进行尺寸标注或尺寸移动，中键完成。在绘图区，依次选择需要标注尺寸的图线，并在图线外侧适当位置单击鼠标中键，完成尺寸标注，如图 10-67 所示。

5. 标注表面粗糙度

在"注释"选项卡中，单击"显示模型注释"区域中的 ![icon]（创建表面粗糙度符号）

按钮，弹出"菜单管理器"的"得到符号"菜单，选择"检索"，弹出"打开"对话框。

图 10-66　"显示模型注释"对话框

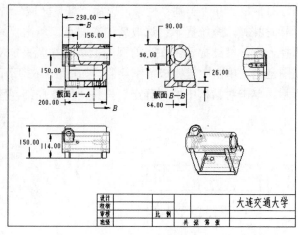

图 10-67　标注尺寸

选择对话框中的"machined"→"打开"，又弹出"打开"对话框，选择对话框中的"no_valuel.sym"→"打开"，弹出"实例依附"菜单，如图 10-68 所示，选择"法向"，系统提示：选取一个边，一个图元，一个尺寸，一曲线，曲面上的一点或一顶点。在视图中，选择需要标注表面粗糙度的面，单击鼠标中键完成标注，选择菜单中的"完成/返回"，完成没有数字的表面粗糙度标注，如图 10-69 所示。

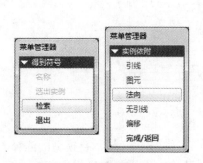

图 10-68　"菜单管理器"

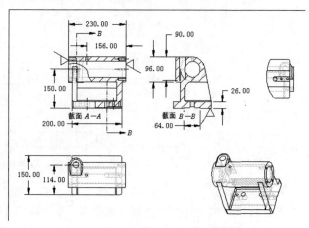

图 10-69　标注没有数字的表面粗糙度

单击"显示模型注释"区域中的 ![创建注解图标] （创建注解）按钮，弹出"菜单管理器"的"注解类型"菜单，依次选择"无引线"→"输入"→"水平"→"标准"→"缺省"→"进行注解"，系统提示：选取注解的位置。在粗糙度符号附近单击鼠标左键，提示：输入注解：输入 6.3✓，空回车，完成"水平"标注。继续选择菜单中的"无引线"→"输入"→"垂直"→"标准"→"缺省"→"进行注解"，系统提示：选取注解的位置。在粗糙度符号附近单击

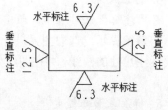

图 10-70　表面粗糙度

鼠标左键，提示：输入注解：输入 12.5✓，空回车，完成"垂直"标注（数字的位置不合适，可以移动），如图 10-70 所示，选择菜单中的"完成/返回"，完成粗糙度标注。

6. 输出 AutoCAD 格式

选择主菜单中的"文件"→"保存副本"命令，弹出"保存副本"对话框，参看图 10-44，在该对话框的"类型"下拉列表中，选择 DWG 格式，单击"确定"按钮，又弹出"DWG 的导出环境"对话框，参看图 10-45，单击该对话框中的"确定"按钮，系统提示：DWG 文件已经创建。在 AutoCAD 中，修改、编辑图形，完成后如附录 1 尾架体零件图。

10.6.2 仪表车床尾架装配图

1. 插入标准图框，创建视图

（1）单击标准工具栏中的 □（创建新对象）按钮，弹出"新建"对话框，在"类型"栏中选择"绘图"，在"名称"文本框中输入"wei_jia"，单击"确定"按钮，弹出"新建绘图"对话框。在"指定模板"中选择"格式为空"，在"格式"中，"浏览"选择"a4.frm"，再单击"缺省模型"中的"浏览"按钮，选择"wei_jia.asm"后，"新建绘图"对话框如图 10-71 所示，单击"确定"按钮，进入绘图区，设置投影视角为第 1 分角。

（2）单击标准工具栏中的 ▣（创建普通视图）按钮，弹出"选取组合状态"对话框，如图 10-72 所示，默认选项为"无组合状态"，单击对话框中的"确定"按钮，系统提示：选取绘制视图的中心点，在图形窗口内，点 2 位置单击鼠标左键，弹出"绘图视图"对话框，在"模型视图名"栏中，选择 FRONT，单击该对话框中的"确定"按钮，完成主视图。

图 10-71　"新建绘图"对话框　　图 10-72　"选取组合状态"对话框

（3）单击标准工具栏中的 ▣-投影…（创建投影视图）按钮，在点 3 位置单击鼠标左键，完成左视图，如图 10-73 所示。

（4）在图形窗口内，鼠标左键双击图 10-73 所示的主视图，弹出"绘图视图"对话框。在"类别"栏中，选择"截面"，在"剖面选项"栏中，选择"2D 剖面"，单击 ✛（将横截面添加到视图）按钮，弹出"菜单管理器"的"剖截面创建"菜单。依次选择菜单中的"平面"→"单一"→"完成"命令，系统提示：输入剖面名[退出]：在编辑框内输入"A"，继续提示：选取或创建装配基准，选取 ASM_FRONT 基准面（在导航区，选择"设置"下拉菜单中的"树过滤器"命令，如图 10-74 所示，弹出"模型树项目"

199

对话框。选中该对话框"显示"栏中的"特征"复选框，如图 10-75 所示，单击对话框中的"确定"按钮，然后，在导航区选择 ASM_FRONT 基准面），单击"绘图视图"对话框中的"确定"按钮，生成全剖主视图，如图 10-76 所示。

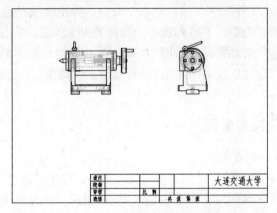

图 10-73　创建主视图和左视图

图 10-74　"设置"下拉菜单

图 10-75　"模型树项目"对话框

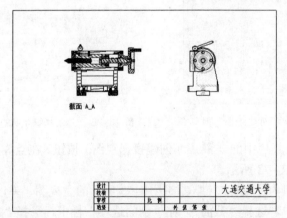

图 10-76　创建全剖主视图

（5）在图形窗口内，鼠标左键双击图 10-76 所示的左视图，弹出"绘图视图"对话框。在"类别"栏中，选择"截面"，在"剖面选项"栏中，选择"2D 剖面"，单击 ✚（将横截面添加到视图）按钮，弹出"菜单管理器"的"剖截面创建"菜单，选择菜单中的"偏移"→"双侧"→"单一"→"完成"命令，系统提示：输入剖面名[退出]：在编辑框内输入"B"，系统进入 3D 零件模式，并提示：选取或创建一个草绘平面，选择 ASM_FRONT 基准面（可以在导航区选择，方法同上），依次选择菜单中的"确定"→"缺省"，进入草绘平面，绘制如图 10-77 所示的草绘截面。单击工具栏中的 ✔（蓝色）按钮，返回工程图模块，鼠标左键单击"绘图视图"对话框中"箭头显示"栏中的"选取项目"，参看图 10-27，系统提示：给箭头选出一个截面在其处垂直的视图，中键取消。选择图 10-76 所示的主视图为剖面箭头的放置视图，单击"绘图视图"对话框中的"确定"按钮，生成阶梯剖左视图，如图 10-78 所示。

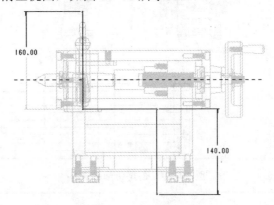

图 10-77　草绘截面

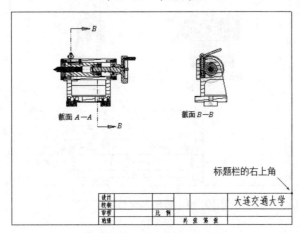

图 10-78　创建阶梯剖左视图

2. 创建明细栏

在"表"选项卡中，单击 ▦（通过指定列和行尺寸插入一个表）按钮，弹出"菜单管理器"的"创建表"菜单，依次选择"升序"→"左对齐"→"按长度"→"选出点"命令，参看图 10-50，系统提示：确定表的右下角。鼠标左键单击标题栏的右上角，参看图 10-78，系统提示：用绘图单位（mm）输入第一列的宽度[退出]：输入 45✓，15✓，50✓，55✓，15✓，空回车，继续提示：用绘图单位（mm）输入第一行的高度[退出]：输入 7✓，7✓，…，7✓，7✓，空回车，完成明细栏表格创建（若明细栏表格的位置不合适，可以选中明细栏表格，拖至标题栏上方），如图 10-79 所示。

鼠标双击明细栏中的某一单元格，弹出"注解属性"对话框，在该对话框的"文本"选项卡内，输入文本，参看图 10-54（a）。选中文本，在"文本样式"选项卡内，调整"字符"高度，文本的"水平"和"垂直"位置等，参看图 10-54（b），单击对话框中的"预览"按钮，预览文字的大小和位置，并随时调整，调整合适后，单击"确定"按钮，明细栏中的部分文字如图 10-80 所示。

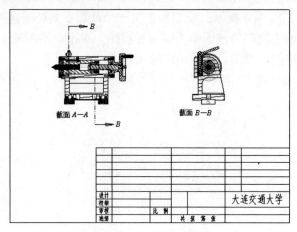

图 10-79　创建明细栏表格

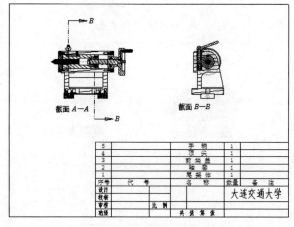

图 10-80　明细栏中的部分文字

3. 创建轴线

　　选择标准工具栏中的"注释"选项卡，单击标准工具栏中的 ![icon]（显示自模型的注释）按钮，弹出"显示模型注释"对话框，打开基准轴显示开关 ![icon]，选择对话框中的 ![icon] 选项卡，按住 Ctrl 键，依次选择需要标注尺寸的轴线，单击对话框中的"确定"按钮。

4. 标注尺寸

　　在"注释"选项卡中，单击"显示模型注释"区域中的 ![icon]（使用新参照创建尺寸）按钮，系统提示：选取图元进行尺寸标注或尺寸移动，中键完成。在绘图区，依次选择需要标注尺寸的图线，并在图线外侧适当位置单击鼠标中键，完成尺寸标注，如图 10-81 所示。

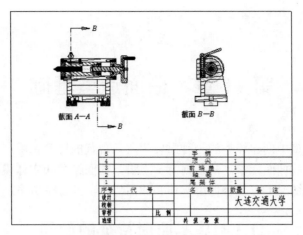

图 10-81　装配图标注尺寸

5. 输出 AutoCAD 格式

选择主菜单中的"文件"→"保存副本"命令,弹出"保存副本"对话框。在该对话框的"类型"下拉列表中,选择 DWG 格式,单击"确定"按钮,又弹出"DWG 的导出环境"对话框,参看图 10-45,单击该对话框中的"确定"按钮,系统提示:DWG 文件已经创建。在 AutoCAD 中,修改、编辑图形,完成后如附录 2 仪表车床尾架装配图。

练 习 题

1. 创建组合体(图 4-52 所示)的三视图(主视图、俯视图、左视图)和轴侧图。
2. 创建组合体(图 4-53 所示)的三视图(主视图、俯视图、左视图)和轴侧图,要求尺寸标注及尺寸修改,输出 AutoCAD 格式。
3. 创建组合体(图 6-12 所示)的三视图及轴侧图,其中主视图为全剖视图。
4. 创建前端盖(3_qianduangai)的三视图及轴侧图,其中主视图为半剖视图。

第11章   曲面造型基础

曲面是三维造型中创建模型的一种重要手段，现代的许多家用产品和工业模型，往往都具有一些流畅的曲面元素。从几何意义上讲，曲面模型和实体模型所表达的结果是完全一致的，通常情况下可交替使用实体和曲面特征，其建模顺序是先曲面后实体。

11.1   基本曲面特征的创建

一般而言，基本曲面特征是指利用"拉伸"、"旋转"、"扫描"、"混合"、"扫描混合"、"螺旋扫描"、"可变剖面扫描"等功能命令来创建的曲面特征。上述的这些功能命令既可以创建实体，也可以创建曲面。当要创建曲面时。需要在相应的操控板上单击 🗔 （曲面）按钮，或者在相应的菜单上选择"曲面"、"曲面修剪"、"薄曲面修剪"选项。

11.1.1   拉伸曲面

要求创建一个由封闭剖面拉伸而成的曲面，最后将该拉伸曲面的端部重新修改为封闭的形式。其操作步骤如下：

1. 创建拉伸曲面

（1）打开"新建"对话框，在"类型"栏中选择"零件"。输入文件名为 T11-4，不使用默认模板，而采用 mmns_part_solid 模板。

（2）单击 🗔 按钮，在操控板上指定要创建的模型 🗔 （曲面），设置"对称"→深度：100，点击"放置"→"定义"，如图 11-1 所示。弹出"草绘"对话框，选择 TOP 为草绘面。单击"草绘"按钮，进入草绘界面。

图 11-1   拉伸工具操控面板

（3）在草绘平面中绘制如图 11-2 所示的草绘截面，单击右侧工具条上的 ✓ （草绘完成）按钮。单击右上角操控板中的 ✓ （绿色）按钮，完成拉伸曲面的造型，如图 11-3 所示。

2. 重新定义曲面属性

在导航区模型树上右击刚创建的拉伸曲面特征，从快捷菜单上选择"编辑定义"，在出现的拉伸操控板上展开"选项"下滑面板→选中"封闭端"复选框，如图 11-5 所示，单击右上角操控板中的 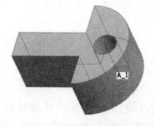（绿色）按钮，此时生成如图 11-4 所示的拉伸曲面封闭端。但要注意：内部是空心的，不能作"去除材料"的操作，这是与实体造型的区别。

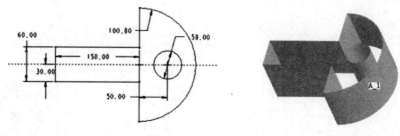

图 11-2　草绘拉伸截面　　　　图 11-3　　拉伸曲面的开放端

图 11-4　拉伸曲面的封闭端

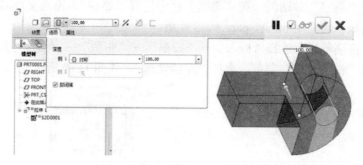

图 11-5　选中"封闭端"复选框

11.1.2　旋转曲面

创建旋转曲面的操作方法及步骤如下：

（1）打开"新建"对话框，在"类型"栏中选择"零件"。输入文件名为 T11-8，不使用默认模板，而采用 mmns_part_solid 模板。

（2）单击 按钮，在操控面板上指定要创建的模型 （曲面），接受默认的旋转角度为 360，选择"放置"→"定义"，如图 11-6 所示。弹出草绘对话框，选择 TOP 为草绘面，单击"草绘"按钮，进入草绘界面。

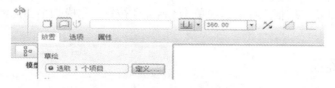

图 11-6　旋转工具操控面板

（3）在草绘平面中绘制如图 11-7 所示的草绘截面→单击右侧工具条上的 ☑（草绘完成）按钮。单击右上角操控面板中的 ☑（绿色）按钮，完成旋转曲面的造型，如图 11-8 所示。

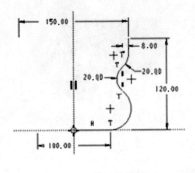

图 11-7　草绘旋转截面

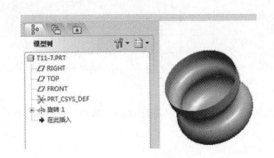

图 11-8　创建的旋转曲面

11.1.3　扫描曲面

"曲面"扫描是将截面沿轨迹线扫掠形成的曲面特征。

下面通过一个操作实例来说明如何创建扫描曲面，具体的步骤和方法如下：

（1）打开"新建"对话框，在"类型"栏中选择"零件"。输入文件名为 T11-19，不使用默认模板，而采用 mmns_part_solid 模板。

（2）从下拉菜单栏上选择"插入"→"扫描"→"曲面"→ 此时，弹出"曲面：扫描"对话框和"扫描轨迹"菜单，选择"草绘轨迹"，如图 11-9 所示。

图 11-9　曲面扫描对话框及扫描轨迹菜单

（3）选择 FRONT 基准平面为草绘平面，并在菜单管理器中选择"正向"→"缺省"选项。

（4）在草绘平面中绘制如图 11-10 所示的扫描轨迹，单击右侧工具条上的 ☑（轨迹草绘完成）按钮。

（5）在出现如图 11-11 所示的"属性"菜单中，选择"开放端"→"完成"命令。

（6）草绘一个圆作为扫描剖面，如图 11-12 所示。单击右侧工具条上的 ☑（草绘完成）按钮，在"曲面：扫描"对话框中单击"确定"按钮，完成扫描曲面特征，如图 11-13 所示。

11.1.4　混合曲面

混合曲面可以看作由不形状和大小的无限个截面，按照一定的方式（平行、旋转、一般）连接而成的曲面特征。下面通过三个操作实例说明如何创建混合曲面。

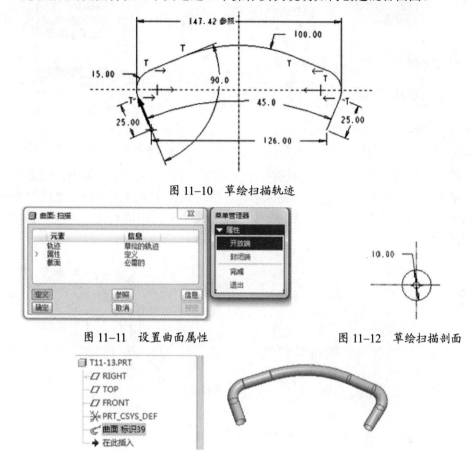

图 11-10　草绘扫描轨迹

图 11-11　设置曲面属性

图 11-12　草绘扫描剖面

图 11-13　创建的扫描曲面

实例一

按照图 11-16 所示的尺寸和图 11-19 所示的三维效果，进行三维曲面造型。具体的步骤和方法如下：

（1）打开"新建"对话框，在"类型"栏中选择"零件"。输入文件名为 T11-19，不使用默认模板，而采用 mmns_part_solid 模板。

（2）从下拉菜单栏上选择"插入"→"混合"→"曲面"，此时，弹出"混合选项"菜单，选择"平行"→"规则截面"→"草绘截面"→"完成"选项，如图 11-14 所示。

（3）在出现如图 11-15 所示的"混合曲面"对话框和属性菜单管理器中，选择"直"→"封闭端"→"完成"命令。

（4）选择 TOP 基准平面作为草绘平面，并在菜单管理器中选择"正向"→"缺省"选项，进入草绘器。

（5）使用 （将调色板中的外部数据插入到活动对象）工具按钮，插入第 I 剖面，并将剖面的中心约束在绘图参照的中心处，并按图 11-16 所示的尺寸修改。

（6）选择下拉菜单"草绘"→"特征工具"→"切换剖面"命令（也可在图形窗口内点击右键），此时第 I 剖面变为灰色显示。

图 11-14　"混合选项"菜单　图 11-15　"混合曲面"对话框和属性菜单管理器

（7）绘制第 II 剖面，该剖面只有一个点构成，即只绘制一个草绘点，如图 11-17 所示。单击右侧工具条上的 ✔ 草绘完成按钮，出现如图 11-18 所示的"深度"菜单，在此菜单上选择"盲孔"→"完成"命令，输入两个剖面间的距离（深度）为 15，按回车确定。

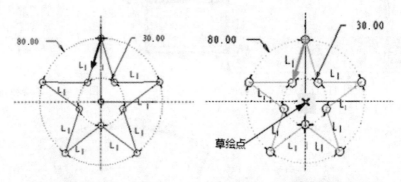

图 11-16　绘制第 I 个剖面　　　　图 11-17　绘制第 II 个剖面（点）

（8）在"混合曲面"对话框上单击"确定"按钮，完成混合曲面的创建工作，效果如图 11-19 所示。

图 11-18　"深度"菜单　　　　图 11-19　创建封闭混合曲面的效果

实例 2

按照图 11-20 所示曲面的形状和尺寸，进行三维曲面造型。具体的步骤和方法如下：

（1）打开"新建"对话框，在"类型"栏中选择"零件"。输入文件名为 T11-25，不使用默认模板，而采用 mmns_part_solid 模板。

（2）从下拉菜单栏上选择"插入"→"混合"→"曲面"，此时，弹出"混合选项"菜单，选择"平行"→"规则截面"→"草绘截面"→"完成"选项，如图 11-14 所示。

（3）在出现如图 11-21 所示的"混合曲面"对话框和属性菜单管理器中，选择"直"
→"开放端"→"完成"命令。

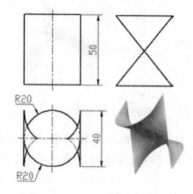

图 11-20　三维曲面造型

图 11-21　"混合曲面"对话框和属性菜单管理器

（4）选择 TOP 基准平面作为草绘平面，当图形区红色箭头正确时，在菜单管理器中
选择"确定"→"缺省"选项，进入草绘器中。

（5）按图 11-22 图示尺寸绘制第 I 剖面，在图形区单击右键，在显示的菜单条中选
择"切换剖面"，第 I 剖面变灰色。绘制第 II 剖面，先绘制 40mm 长的直线，再点取 ┍ 分
割命令按钮，按图 11-23 的尺寸将直线分割成三段（4 个顶点）。注意各截面的顶点数必
须相同。

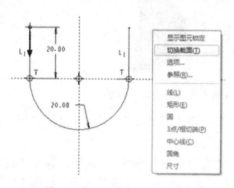

图 11-22　绘制剖面 I 及切换剖面

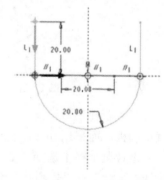

图 11-23　绘制剖面 II

（6）在图形区单击右键，在显示的菜单条中选择"切换剖面"，按图 11-24 绘制第 III
剖面。单击右侧工具条上的 ✔（草绘完成）按钮，出现如图 11-18 所示的"深度"菜单，
在此菜单上选择"盲孔"→"完成"命令，输入第 I 剖面和第 II 剖面间的距离（深度）
为 25，按回车确定，再输入第 II 与第 III 剖面间的距离为 25，按回车确定。

（8）在"混合曲面"对话框上单击"确定"按钮，完成混合曲面的创建工作，效果
如图 11-25 所示。

注意：

（1）混合曲面可以有不同形状和大小的无限个截面，但各截面的顶点数必须相同，
若不同，可将除第一顶点外的任何顶点修改为"混合顶点"（方法：选中欲修改的顶点，
单击右键→选择"混合顶点"选项）。

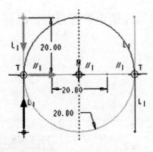

图 11-24　绘制第Ⅲ剖面

图 11-25　创建的混合曲面效果

（2）混合曲面造型过程中的各个截面的起始点箭头应符合曲面造型的要求，如图11-24中的箭头所示。若在绘制各剖面过程中起始点不对，可选择欲修改为起始点的顶点，单击右键→选择"起始点"选项。

实例 3

按照图 11-26 所示曲面的形状和尺寸，进行三维曲面造型。具体的步骤和方法如下：

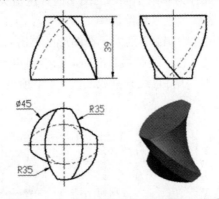

图 11-26　三维曲面造型的三视图及立体图

（1）打开"新建"对话框，在"类型"栏中选择"零件"。输入文件名为 T11-29，不使用默认模板，而采用 mmns_part_solid 模板。

（2）从下拉菜单栏上选择"插入"→"混合"→"曲面"，此时，弹出"混合选项"菜单，选择"平行"→"规则截面"→"草绘截面"→"完成"选项，如图11-14 所示。

（3）在出现如图 11-27 所示的"混合曲面"对话框和属性菜单管理器中，选择"光滑"→"封闭端"→"完成"命令。

（4）选择 TOP 基准平面作为草绘平面，当图形区红色箭头正确时，在菜单管理器中选择"确定"→"缺省"选项，进入草绘器。

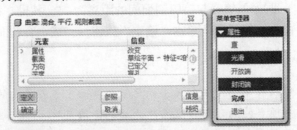

图 11-27　"混合曲面"对话框和属性菜单管理器

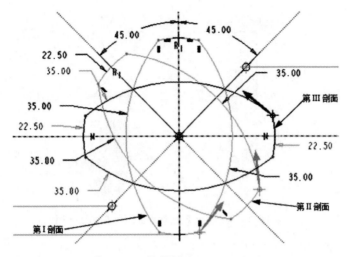

图 11-28　绘制剖面 I、II、III

（5）按图 11-28 第 I 剖面的图示尺寸绘制第 I 剖面，并按图示箭头定出起始点。在图形区单击右键，在显示的菜单条中选择"切换剖面"→第 I 剖面变灰色。按图 11-28 第 II 剖面的图示尺寸绘制第 II 剖面，并按图示箭头定出起始点，在图形区单击右键，在显示的菜单条中选择"切换剖面"，按图 11-28 第 III 剖面的图示尺寸绘制第 III 剖面，并按图示箭头定出起始点，单击右侧工具条上的 ✓（草绘完成）按钮，出现如图 11-18 所示的"深度"菜单，在此菜单上选择"盲孔"→"完成"命令，输入第 I 剖面和第 II 剖面间的距离（深度度）为 20，按回车确定，再输入第 II 与第 III 剖面间的距离为 20，按回车确定。

（6）在"混合曲面"对话框上单击"确定"按钮，完成混合曲面的创建工作，效果如图 11-29 所示。

图 11-29　创建混合曲面的效果图

11.1.5　扫描混合曲面

扫描混合曲面是按照扫描轨迹线上的节点数，分别在各节点处绘制不同形状和大小的截面连接而成的曲面特征，它与"混合曲面"的主要区别是："扫描混合曲面"必须有扫描轨迹线，而混合曲面不需要。下面用前面"混合曲面"中的实例二改用"扫描混合曲面"来创建三维曲面，由此来说明"混合曲面"与"扫描混合曲面"之间的异同。

按照图 11-30 所示曲面的形状和尺寸，进行三维曲面造型。具体的步骤和方法如下：

（1）打开"新建"对话框，在"类型"栏中选择"零件"。输入文件名为 T11-38，不使用默认模板，而采用 mmns_part_solid 模板。

（2）从下拉菜单栏上选择"插入"→"扫描混合"，弹出"扫描混合"工具操控板，系统默认时要创建的模型为 ▢（曲面），如图 11-31 所示。

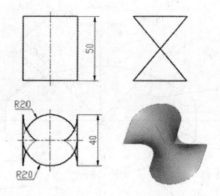

图 11-30　三维曲面造型的三视图及其立体图

图 11-31　扫描混合曲面工具操控板

（3）在工具栏上单击 （草绘工具）按钮，弹出"草绘"对话框。

（4）选择 FRONT 基准平面作为草绘平面，其他默认，然后单击"草绘"，进入草绘器。

（5）绘制如图 11-32 所示的扫描轨迹线，单击右侧工具条上的 ✔（草绘结束）按钮。

（6）在扫描混合工具操控板上，单击右侧的 ▶（退出暂停模式，继续使用此工具）按钮，则刚绘制的线自动被选作扫描混合的轨迹线，如图 11-33 所示。

图 11-32　草绘扫描轨迹　　　　　图 11-33　定义扫描轨迹线

（7）在操控板上选择"剖面"选项，打开"剖面"下滑面板，单击轨迹线的起始点（链首），在"剖面"下滑面板中单击"草绘"按钮，在图形区绘制如图 11-34 所示的剖面Ⅰ，单击右侧工具条上的 ✔（草绘结束）按钮。

（8）在"剖面"下滑面板中单击"插入"按钮，单击轨迹线的第 2 个节点，可调整视角以方便单击该节点。在"剖面"下滑面板中单击"草绘"按钮，在图形区绘制如图 11-35 所示的剖面Ⅱ（三段直线，4 个节点），单击右侧工具条上的 ✔（草绘结束）按钮，显示图 11-36 所示的"剖面"下滑面板。

212

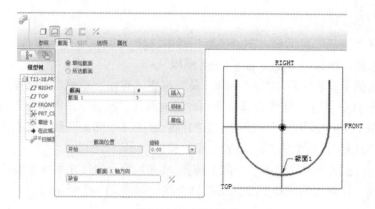

图 11-34　绘制剖面 I

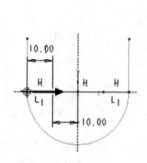

图 11-35　绘制剖面 II

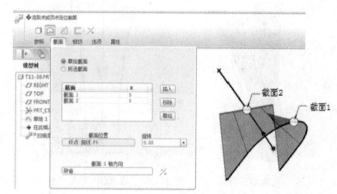

图 11-36　剖面 II（红色）的效果及插入剖面 III

（9）在"剖面"下滑面板中单击"插入"按钮，单击轨迹线的第 3 个节点（链尾），可调整视角以方便单击该节点，在"剖面"下滑面板中单击"草绘"按钮，在图形区绘制如图 11-37 所示的剖面 III（箭头方向的深色图线），单击右侧工具条上的 ✔（草绘结束）按钮。

（10）单击操控板中的 ✔（绿色）按钮，完成扫描混合曲面的造型，如图 11-38 所示。

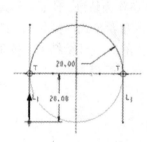

图 11-37　绘制剖面 III

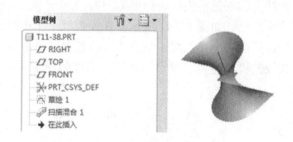

图 11-38　创建的扫描混合曲面

11.1.6　可变截面扫描曲面

可变截面扫描是指沿着一个或多个选定的轨迹扫描剖面时，通过控制剖面的形状所创建的形态多变的曲面形状。可变截面扫描可以说是扫描和混合特征的综合，兼具两者的长处，使用灵活、功能强大。

下面通过图 11-39 花瓶制作实例，说明如何创建可变截面扫描曲面。具体的步骤和方法如下：

（1）打开"新建"对话框，在"类型"栏中选择"零件"。输入文件名为 T11-39，不使用默认模板，而采用 mmns_part_solid 模板。

（2）在右侧工具栏上单击 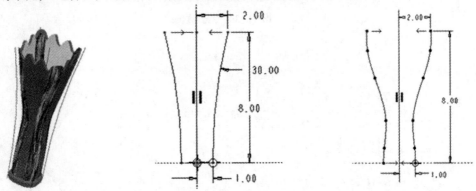（草绘工具）按钮，弹出"草绘"对话框。

（3）选择 TOP 基准平面作为草绘平面，其他默认，然后单击"草绘"，进入草绘器。

（4）按图 11-40 所示的尺寸绘制 3 条扫描轨迹线（中间为直线，左右为对称的两条圆弧），单击右侧工具条上的 ✔（草绘结束）按钮。

（6）用同样的方法在 RIGHT 平面上按图 11-41 所示的尺寸用样条曲线 ∿命令按钮绘制 2 条曲线。这样，共生成了 5 条扫描轨迹线，如图 11-42 所示。

图 11-39　花瓶的三维模型　　图 11-40　在 TOP 平面上绘制 3 条轨迹线　　图 11-41　在 RIGHT 平面
上绘制 2 条轨迹线

（7）从下拉菜单栏上选择"插入"→"可变截面扫描"（也可直接点取右侧工具栏上的 ◺（可变截面）命令按钮），弹出"可变截面扫描"工具操控板。系统默认要创建的模型为 ▱（曲面）。

（8）在操控板上，打开"参照"的下滑面板，选择中间的直线作为垂直轨迹（注意：此线上的红色箭头代表扫描方向），按 Ctrl 键选中另外的 4 条作为轨迹，使 5 条轨迹线都变成红色，如图 11-42 所示，在操控板上单击☑按钮，进入草绘模式，按图 11-43 所示的起始端 4 个端点用 4 条直线连接起来，单击右侧工具条上的 ✔（草绘结束）按钮，单击操控板中的 ✔（绿色）按钮，形成如图 11-44 所示可变截面扫描图形。

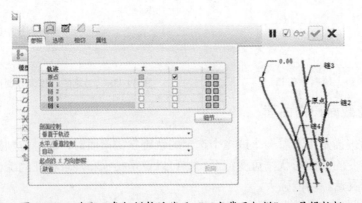

图 11-42　选取 5 条扫描轨迹线及"可变截面扫描"工具操控板

214

图 11-43　绘制扫描剖面　　　　　　　图 11-44　可变截面扫描曲面的效果

（9）对 4 条棱线建立倒圆角特征：单击工具栏中的 ⌒ 圆角按钮，设置倒圆角的半径 0.5，单击要倒圆角的 4 条棱线，单击单击操控板中的 ✓（绿色）按钮，完成倒圆角特征创建，如图 11-45 所示。

（10）在导航区选中"草绘 1"和"草绘 2"，单击右键，在显示的菜单条上选择"隐藏"，使 5 条曲线变成不可见，如图 11-45 所示。

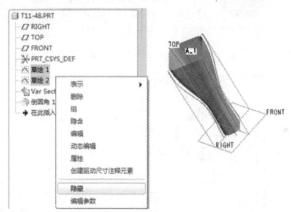

图 11-45　隐藏 5 条扫描轨迹线

（11）用混合特征创建瓶底：选择下拉菜单"插入"→"混合"→"伸出项"，在显示的菜单管理器中选择"完成"（使用默认设置），如图 11-46 所示。在显示的"属性菜单管理器"中选择"光滑"→"完成"，如图 11-47 所示。以 FRONT 平面作为第一混合截面的草绘平面，单击偏移 ⌐ 命令按钮，在类型菜单条中选择"链"，在图形区中点取第 1 条边，按 CTRL 点取第 2 条边，在菜单管理器中选择"下一个"，当截面显示一圈红色时选取"接受"，如图 11-48 所示。在"将链转换为环"对话框中点取"Y"，输入此环箭头方向的偏移深度为 0.1，如图 11-49 所示。在图形区单击右键。选择"切换截面"，当第一截面变成灰色时，用同样的方法绘制第二截面，单击右侧工具条上的 ✓（草绘结束）按钮，在出现的"深度"菜单上选择"盲孔"→"完成"，输入两截面之间的距离（深度）为 0.3，按回车确定，在"伸出项、混合、平行、规则截面"对话框中单击"确定"，结果如图 11-50 所示。

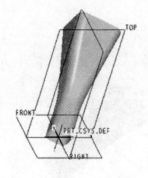

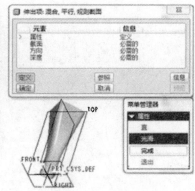

图 11-46　混合菜单管理器　　　　　　　　图 11-47　属性菜单管理器

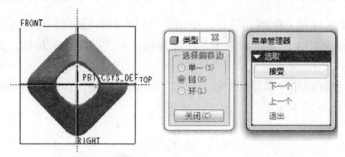

图 11-48　用偏移命令绘制第一截面

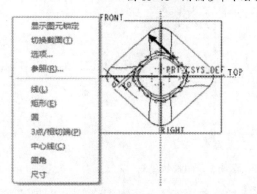
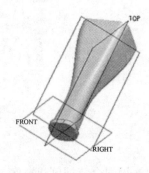

图 11-49　第一截面的偏移量 0.1 及切换剖面　　　图 11-50　创建瓶底的效果图

（12）建立倒圆角特征，选取两个混合生成的曲面，倒圆角半径为 0.1，生成的图形如图 11-51 所示。

（13）将可变截面扫描建立的曲面（瓶身）加厚：选择瓶身，单击下拉菜单"编辑"→"加厚"，在显示的加厚工具操控板上设置加厚值为 0.1mm，单击操控面板中的 ✔（绿色）按钮，形成如图 11-52 所示加厚瓶身。

（14）切剪瓶口花边：单击拉伸 命令按钮→在拉伸操控板上设置"对称"→深度为 5→"去除材料"，打开"放置"下滑面板→点取"定义"，如图 11-53 所示。选择 RIGHT 平面为草绘平面，按图 11-54 所示的尺寸，绘制由直线和样条曲线组成的封闭线框，单击右侧工具条上的 ✔（草绘结束）按钮，单击操控板中的 ✔（绿色）按钮，经外观渲染后，创建了如图 11-39 所示的花瓶效果图。

216

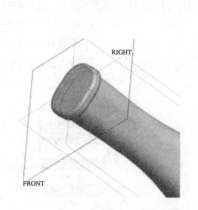

图 11-51 瓶底两个混合曲面的倒圆角

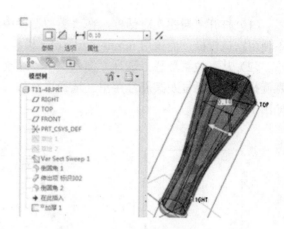

图 11-52 瓶身按箭头方向加厚 0.1mm

图 11-53 瓶口拉伸切除的设置

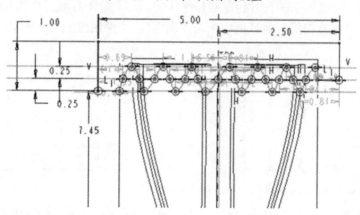

图 11-54 草绘瓶口切剪花边的截面

11.1.7 螺旋扫描曲面

螺旋扫描特征是将草绘剖面沿着螺旋线进行扫描所创建的特征,该特征是比较特殊的扫描特征,它弥补了普通扫描方法创建不出来的产品造型。

1. 固定螺距的扫描曲面

该方式是截面绕螺旋中心线创建的单一螺距扫描曲面。该方式是系统默认的方式,也是使用频率最多的螺旋扫描曲面创建方式。

下面通过一个操作实例来说明如何创建固定螺距的扫描曲面。

按图 11-55 的圆柱尺寸建立一个螺距为 50 的螺旋曲面,要求以中心线为导线,上底(或下底)直径为母线。具体的步骤和方法如下:

217

（1）打开"新建"对话框，在"类型"栏中选择"零件"。输入文件名为 T11-64，不使用默认模板，而采用 mmns_part_solid 模板。

（2）从下拉菜单栏上选择"插入"→"螺旋扫描"→"曲面"，此时，弹出"曲面：螺旋扫描"对话框及其属性菜单，选择"常数"，"穿过轴"→"右手定则"→"完成"，如图 11-56 所示。

图 11-55　圆柱螺旋面的原始尺寸

图 11-56　"螺旋扫描"对话框及其属性菜单

（3）选择 FRONT 基准平面作为草绘平面，当图形区红色箭头正确时，在菜单管理器中选择"确定"→"缺省"选项，进入草绘器。

（4）按图 11-57 所示的尺寸绘制 2 条扫描轨迹线（①为构造线，②为实线（扫描引导线，箭头为扫描方向），单击右侧工具条上的 ✔（草绘结束）按钮，输入节距值 50，按回车。按图 11-58 所示的尺寸绘制直母线（50mm），单击右侧工具条上的 ✔（草绘结束）按钮，在"螺旋扫描"对话框中单击"确定"，结果如图 11-59 所示。

图 11-57　绘制 2 条扫描轨迹线　　　　图 11-58　绘制 1 条直线（扫描截面）

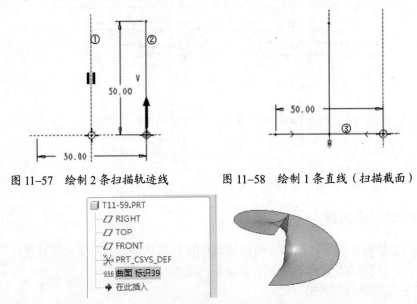

图 11-59　螺旋扫描效果图

2. 可变螺距的扫描曲面

该方式是指截面绕螺旋中心线创建的多个不同螺距扫描曲面。该特征是通过在轨迹起点、中间节点和终点设定不同的螺距，从而创建螺距变化的曲面特征。

218

下面通过一个操作实例来说明如何创建可变螺距的扫描曲面。

（1）打开"新建"对话框，在"类型"栏中选择"零件"。输入文件名为 T11-64，不使用默认模板，而采用 mmns_part_solid 模板。

（2）从下拉菜单栏上选择"插入"→"螺旋扫描"→"曲面"，此时，弹出"曲面：螺旋扫描"对话框及其属性菜单，选择"可变的"→"穿过轴"→"右手定则"→"完成"，选择 FRONT 基准平面作为草绘平面，当图形区红色箭头正确时，在菜单管理器中选择"确定"→"缺省"选项，进入草绘器。

（3）按图 11-60 所示的尺寸绘制 1 条扫描轨迹线（圆弧扫描引导线，箭头为扫描方向），单击"在点位置分割图元"按钮$\begin{array}{c}\end{array}$，将轨迹线分割成几段（本例为 3 段），单击 ✔ 按钮，效果如图 11-61 所示。

（4）在打开的提示栏中分别输入起始点和终止点的螺距值（40 和 20），分别按回车，在显示的"定义控制曲面"菜单中选择"添加点"选项，并在轨迹线上分别单击中间节点，然后在提示栏中分别输入螺距值（80 和 60），单击"完成/返回"→"完成"，结果如图 11-62 所示。

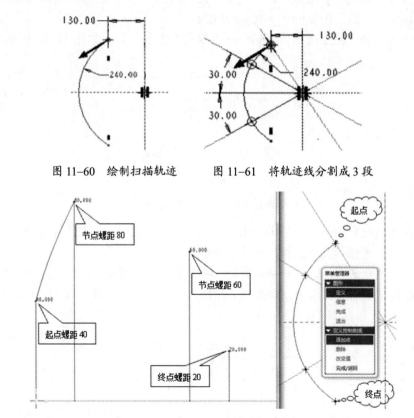

图 11-60　绘制扫描轨迹　　图 11-61　将轨迹线分割成 3 段

图 11-62　设置起、终点及节点螺距值

（5）设置好各节点的螺距值后，再次进入草绘环境，按图 11-63 所示尺寸绘制扫描截面（半径为 15mm 的半圆），单击右侧工具条上的 ✔ （草绘结束）按钮，在"曲面：螺旋扫描"对话框中单击"确定"按钮，结果如图 11-64 所示。

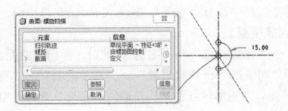

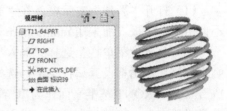

图 11-63　草绘扫描截面　　　　　　　　图 11-64　创建可变螺距的扫描曲面特征

11.1.8　填充曲面

填充曲面是指由平整的闭环边界剖面（即在一个平面内的闭合剖面）生成的平整曲面。创建填充剖面，既可以选择已存在的平整的闭合基准曲线，也可以进入内部草绘器中定义新的闭合剖面。

下面通过一个操作实例来说明如何创建填充曲面。

（1）打开"新建"对话框，在"类型"栏中选择"零件"。输入文件名为 T11-67，不使用默认模板，而采用 mmns_part_solid 模板。

（2）从下拉菜单栏上选择"编辑"→"填充"命令，打开如图 11-65 所示的填充工具操控板。

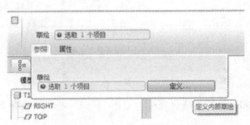

图 11-65　填充工具操控板

（3）在"参照"的下滑面板中单击"定义"按钮，打开"草绘"对话框，选择 TOP 基准面作为草绘平面，其它默认，单击"草绘"按钮。

（4）草绘填充剖面，如图 11-66 所示，单击 ✓（草绘结束）按钮，完成剖面的绘制。

（5）在填充工具操控板中，单击 ✓（绿色）按钮，创建如图 11-67 所示的填充曲面。

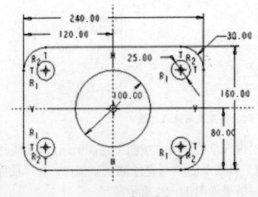

图 11-66　草绘填充剖面　　　　　　　图 11-67　填充曲面

11.2 曲面特征的编缉

曲面特征的编缉工作主要包括曲面的镜像、曲面的合并、曲面的修剪、曲面的延伸和曲面的偏移等。

11.2.1 曲面的镜像

对于一个选定的曲面或曲面组，可以使用镜像的方式在镜像平面的另一侧产生一个对称的曲面或曲面组。

下面用一个简单的实例来说明如何创建镜像曲面。

（1）按图 11–68 所示的尺寸，用"旋转"命令创建如图 11–69 所示的曲面（过程从略）。

（2）选择曲面。

（3）单击 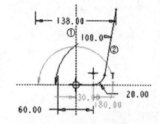 （镜像工具）按钮，或者从下拉菜单上选择"编辑"→"镜像"命令，打开镜像工具操控板。

（4）选择 RIGHT 基准平面作为镜像平面。

图 11-68　草绘旋转截面①②

（5）在镜像工具操控板中单击 ✓（完成）按钮，创建的镜像曲面如图 11–70 所示。

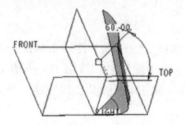

图 11–69　旋转 60° 曲面（为原始曲面）

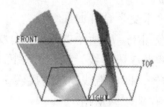

图 11–70　创建镜像曲面

11.2.2 曲面的合并

对于 2 个相连或相交的曲面组，可以将它们合并成一个曲组。曲面合并的方式有两种，即"求交"合并和"连接"合并。如果一个曲面的某一边界线恰好是另一个曲面的边界线时，多采用"连接"方式来合并这两个曲面，如图 11–73 所示。

实例 1

创建"连接"合并曲面

（1）按图 11–68 所示的尺寸，用"旋转"命令创建如图 11–71 所示的曲面（过程从略）。

（2）选择曲面，单击 （镜像工具）按钮，打开镜像工具操控板。选择 RIGHT 基准平面作为镜像平面，在镜像工具操控板中单击 ✓（完成）按钮，创建的镜像曲面如图 11–72 所示。

（3）在图形区选择两曲面（用 Ctrl 键），选择下拉菜单"编辑"→"合并"，如图 11–73。在合并工具操控板中单击 ✓（完成）按钮，合并（连接）后的曲面面组如图 11–74 所示。

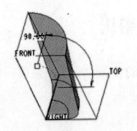

图 11-71　旋转 90° 曲面

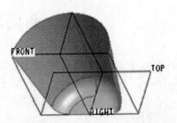

图 11-72　创建的镜像曲面

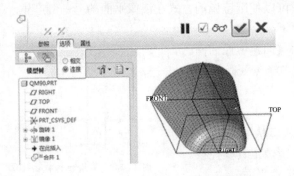

图 11-73　设置"连接"方式合并两曲面

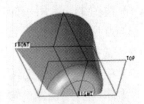

图 11-74　"连接"合并效果图

实例 2

创建"求交"合并曲面

（1）按图 11-75 所示的尺寸（①为旋转轴，即构造线；②为旋转 1 截面，即直线、圆弧、直线共 3 段实线）创建"旋转 1"曲面，作图步骤从略。按图 11-76 所示的尺寸（①为旋转轴，即构造线；②为旋转 2 截面，即直线和 1/4 圆弧共 2 段实线）创建"旋转2"曲面，作图步骤从略。

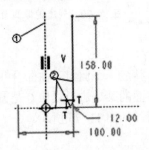

图 11-75　草绘旋转 1 截面①②

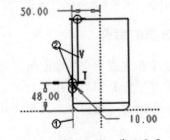

图 11-76　草绘旋转 2 截面①②

（2）选择两曲面（用 Ctrl 键），选择下拉菜单"编辑"→"合并"，如图 11-77。进入"选项"下滑面板，可以看到默认的选项为"求交"，接受该默认选项。在操控板中分别单击 （改变要保留的第一面组的侧）和 （改变要保留的第二面组的侧）按钮，此时两个保留侧的方向如图 11-78 所示。单击操控板中的 （完成）按钮，合并（求交）后的曲面面组如图 11-79 所示。

11.2.3　曲面的修剪

利用曲面、基准平面或曲面上的曲线可以对曲面进行修剪。被修剪的曲面与修剪工具曲面或基准平面必须相交。

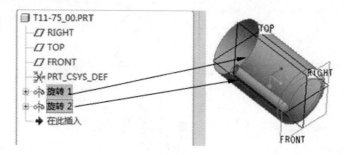

图 11-77　选取两个旋转曲面

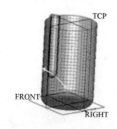

图 11-78　定义保留侧

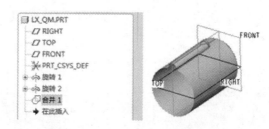

图 11-79　"求交"合并效果

曲面修剪的方式主要有下例两种。

1. 以曲面上的曲线作为分割线来进行修剪

主要方法步骤如下：

（1）按图 11-80 所示的尺寸用拉伸创建深为 200 的曲面，创建与 TOP 相距 50 的基准平面 DTM1，在 DTM 上绘制样条曲线。选择该曲线，选择下拉菜单"编辑"→"投影"，在黄色箭头方向点取曲面，曲面呈粉红色，在曲面上显示该曲线的投影，如图 11-81 所示。单击操控板中的 ✓ （完成）按钮，曲线投影到曲面的结果如图 11-82 所示。

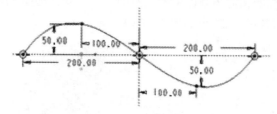

图 11-80　草绘截面

（2）以投影在曲面上的曲线为分割线来进行修剪：选取要修剪的曲面（即为"参照"下滑面板中的"修剪的面组"），修剪的面组呈粉红色显示，单击"修剪"命令按钮 □ ，展开"参照"下滑面板，在"修剪对象"（即修剪工具）下面点击一下后，在图形区点取分割曲线，如图 11-82 所示。若"修剪的面组"或"修剪对象"的收集器中的面组不正确，可单击右键，选择"移除"命令删除不需要的对象，在操控板中单击 ╳ （黄色箭头的指向为要保留的面组的侧）按钮，单击操控板中的 ✓ （完成）按钮，修剪结果如图 11-83 所示。

2. 以相交面作为分割面来进行修剪

主要方法步骤如下：

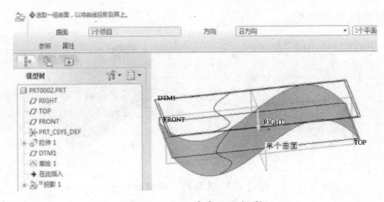

图 11-81　曲线向曲面投影

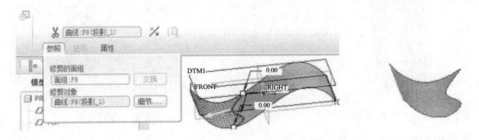

图 11-82　曲面的修剪设置　　　　　　　　图 11-83　曲面修剪结果

（1）打开文件 T11-77.prt，该文件中存在的两个曲面如图 11-84 所示。

（2）选择"旋转 1"曲面作为要修剪的面组。

（3）单击"修剪"命令按钮 🗋 →系统打开修剪工具操控板。

（4）选择"旋转 2"曲面作为修剪对象（即修剪工具）。

（5）在工具面板中展开"选项"下滑面板，清除"保留修剪曲面"复选框，在操控板中单击 ✂（黄色箭头的指向为要保留的面组的侧）按钮，如图 11-85 所示。单击操控板中的 ✔（完成）按钮，修剪结果如图 11-86 所示。

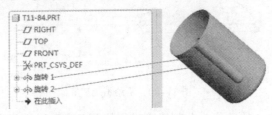

图 11-84　原始曲面

（6）在导航区选中并右击"修剪 1"，单击"编辑定义"，展开"选项"下滑面板，选中"薄修剪"复选框，接着输入薄修剪的厚度为 5，选择"垂直于曲面"选项，如图 11-87 所示。

（7）单击操控板中的 ✔（完成）按钮，修剪结果如图 11-88 所示。

（8）在导航区选中并右击"修剪 1"，单击"编辑定义"，展开"选项"下滑面板，点击"排除曲面"收集器，并在模型中选择如图 11-89 箭头所指的曲面片（即去掉不作修剪工具的曲面片），单击操控板中的 ✔（完成）按钮，最终所创建的薄修剪曲面效果如图 11-90 所示。

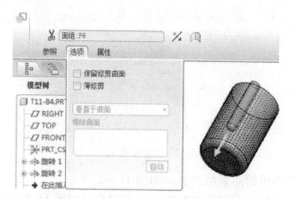

图 11-85　"修剪"选项及修剪方向设置　　　　图 11-86　修剪后的效果

图 11-87　"薄修剪"的选项设置　　　　　　图 11-88　"薄修剪"效果

图 11-89　选择要排除的曲面　　　　　　图 11-90　排除后的薄修剪效果

11.2.4　曲面的延伸

将选择的曲面边缘以指定的方式延伸。延伸的方式有"沿原始曲面延伸曲面" 📖 和 "将曲面延伸至参照平面" 📄 两种。

1. 沿原曲面延伸

以"沿曲面"方法延伸曲面时，可以有以下 3 种（前两种为较常用）沿曲面的具体方式。

（1）"相同"：通过选定的曲面边界边，以相同曲面类型来延伸原始曲面，所述的原始曲面可以为平面、圆柱面、圆锥面或样条曲面，如图 11-91 所示。

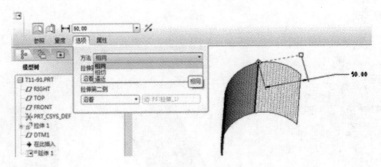

图 11-91　沿原始曲面"相同"方式延伸 50

（2）"切线"：创建与原始曲面相切的直纹曲面，如图 11-92 所示。

（3）"逼近"：以逼近选定边界的方式来创建相应的混合曲面，如图 11-93 所示。

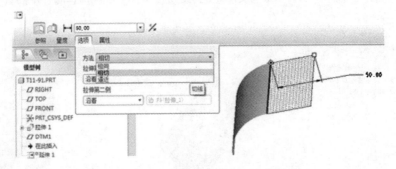

图 11-92　沿原始曲面的"相切"方式延伸 50

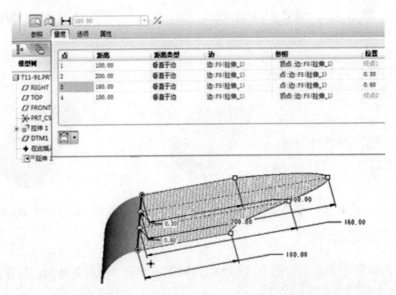

图 11-93　沿曲面"逼近"方式并具有多测量值的延伸曲面

下面举一个简单示例，辅助说明以"沿曲面"方法延伸曲面的步骤。

（1）按图 11-94 所示的尺寸创建一半径为 50、宽度为 60 的 1/4 圆柱曲面。

（2）选择要延伸的曲面边界，如图 11-94 所示的红色线段。

（3）从下拉菜单上选择"编辑"→"延伸"命令，打开延伸工具操控板。

（4）在延伸工具操控板中单击 ◻️（"沿原始曲面延伸曲面"）按钮，接着打开"选项"下滑面板，选择"逼近"选项，按图11-92所示。

（5）展开"量度"下滑面板，在测量点列表框内右击，选择"添加"命令，可以添加一个测量点。然后使用同样的方式再添加各所需的测量点，如图11-93所示。

（6）单击操控板中的 ✔️（完成）按钮，完成曲面的延伸，如图11-95所示。

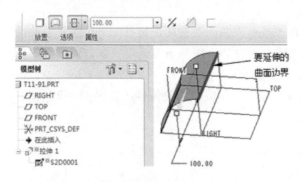

图11-94　用拉伸创建半径为50的1/4圆柱曲面　　图11-95　设置各测量点的曲面延伸效果

2. 延伸"到平面"

以"到平面"方法延伸曲面的步骤如下：

（1）选择要延伸的曲面边界，如图11-96所示的红色线段。

（2）从下拉菜单上选择"编辑"→"延伸"命令，打开延伸工具操控板。

（3）在延伸工具操控板中单击 ◻️（将曲面延伸到参照平面）按钮，按图11-97所示。

（4）选择所需的参照平面，如图11-97中的DTM1。

（5）单击操控板中的 ✔️（完成）按钮，完成曲面的延伸。

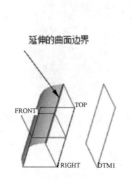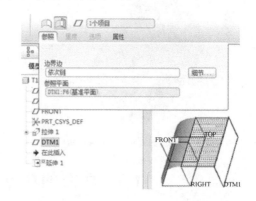

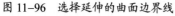

图11-96　选择延伸的曲面边界线　　图11-97　选择"到平面"延伸的方式

11.2.5　曲面的偏移

使用"编辑"→"偏移"命令既可以对实体表面进行偏移，也可以对曲面进行偏移。设置曲面（或实体表面）偏移的类型有：标准曲面偏移（为默认类型）、带有拔模斜度的曲面偏移、展开曲面偏移、替换曲面偏移4种。有兴趣的读者可以尝试创建各种偏移类型的曲面，在创建过程中，注意"选项"下滑面板台的相应选项。

下面用一简单例子来说明标准"曲面偏移"特征的创建过程。

（1）打开图 11-86.prt。

（2）选择曲面。

（3）从下拉菜单中选择"编辑"→"偏移"命令，打开偏移工具操控板。

（4）选用的曲面偏移类型 ▥（标准曲面偏移），输入偏移的距离为 20，如图 11-98 所示。

（5）进入"选项"下滑面板，选择"垂直于曲面"选项。另外，可供选择的选项还有"自动拟合"和"控制拟合"选项（注：若在该面板的下方选中"创建侧曲面"复选框，则最终所创建的曲面偏移如图 11-100 所示）。

（6）在偏移操控板上单击 ✔（完成）按钮，完成曲面的偏移，如图 11-99 所示。

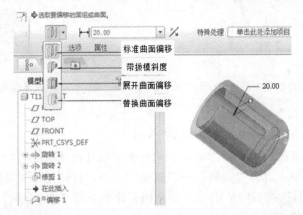

图 11-98　选择偏移类型（采用默认）和距离（20）

图 11-99　创建的标准偏移曲面

图 11-100　具有侧曲面的偏移曲面

11.3　曲面的加厚及实体化

11.3.1　曲面的加厚

曲面是 0 厚度的，可以用加厚命令将曲面加厚成一定的厚度。

创建加厚曲面的操作步骤如下：

（1）选择要加厚的曲面呈粉红色显示。

（2）选择"编辑"→"加厚"命令，系统弹出"加厚"操控面板，如图 11-101 中的①所示。

（3）输入加厚厚度值，单击"反转结果几何的方向"按钮，可以改变加厚方向。

（4）单击"参照"按钮，系统弹出"参照"下滑面板，如图 11-101 中的②所示。此文本框显示选中的加厚曲面对象。

（5）单击"选项"按钮，系统弹出"选项"下滑面板，如图 11-101 中的③所示，并可以排除选中的曲面。单击"垂直于曲面"右侧的"▼"可以定义加厚曲面的方法，包括"垂直于曲面"、"自动拟合"和"控制拟合"3 种，如图 11-101 中的④所示。

（6）在加厚操控板上单击✔（完成）按钮，完成加厚曲面的操作，如图 11-101 所示。

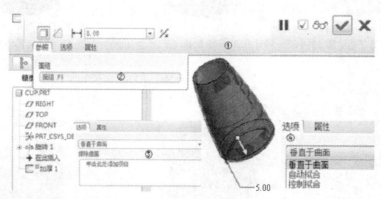

图 11-101　创建加厚曲面

11.3.2　曲面的实体化

曲面的实体化就是将曲面特征转化为实体几何特征。

需要转化为实体的曲面特征必须是完全封闭的，不能有缺口；或者是曲面与实体表面相交而构成封闭的曲面空间。

实体化特征的类型按钮分为以下 3 种。

（1）▢：用实体材料填充由面组界定的完全封闭的体积块。

（2）◿：移除面组内侧或外侧的材料。

（3）◠：使用面组替换指定的曲面部分。面组边界必须位于曲面上。

实例 1　用实体材料填充完全封闭的体积块，曲面转化为实体的创建步

（1）打开图 11-29.prt 曲面文件，并使其处于选择状态。

（2）选择"编辑"→"实体化"命令，系统弹出实体化工具操控板，如图 11-102 所示。

（3）在实体化操控板上单击✔（完成）按钮，曲面实体化效果如图 11-103 所示。

实例 2　移除面组黄色箭头方向的材料，曲面切剪实体的创建步骤

（1）按图 11-104 所示的形状，创建拉伸实体和拉伸曲面，并使曲面处于选择状态。

（2）选择"编辑"→"实体化"命令，系统弹出实体化工具操控板，如图 11-104 所示。

（3）在实体化操控板上单击◿（移除面组内侧或外侧的材料）按钮。

（4）在实体化操控板上单击✔（完成）按钮，曲面切剪实体的效果如图 11-105 所示。

229

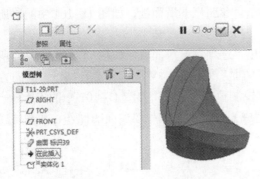

图 11-102 实体化工具操控板

图 11-103 实体化效果图

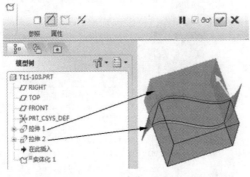

图 11-104 移除面组黄色箭头方向的材料

图 11-105 曲面切剪实体的效果

11.4 边界混合曲面

边界混合曲面实际上是指通过定义相关边界线来混合而成的一类曲面，参与混合的边界称为边界曲线。既可以由同一个方向上的边线来混合曲面，也可以由两个方向上的边线来混合曲面。构成曲面的曲线必须是 2 条以上，并且为了更精确地控制所要混合的曲面，可以添加影响曲线，可以设置边界约束条件或者设置控制点等。

11.4.1 单向边界混合曲面

由一个方向上的边线来混合曲面。下面通过一个简单的实例，介绍如何创建单向边界混合曲面。具体步骤如下：

（1）进入零件造型后，用两次草绘按图 11-106 创建 3 条曲线（作图从略）。

（2）单击边界混合工具按钮 ⬚ →显示边界混合工具操控板，此时第一方向收集器处于激活状态，如图 11-107 所示。

（3）选择曲线 1，然后按住 Ctrl 键依次选择曲线 2 和曲线 3，如图 11-106 所示。

（4）若要创建单向边界闭合混合曲面，只需在操控板中展开"曲线"下滑面板，选中"闭合混合"复选框，即可生成具有封闭环的单向边界混合曲面，如图 11-107 所示。

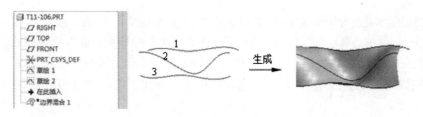

图 11-106　绘制曲线及创建单向边界混合曲面

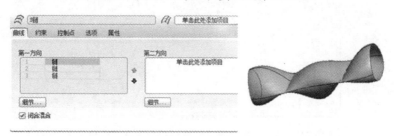

图 11-107　选中"闭合混合"复选框及创建单向边界闭合混合曲面

11.4.2　双向边界混合曲面

由两个方向上的边线来混合曲面。下面通过一个简单的实例，介绍如何创建双向边界混合曲面。具体步骤如下：

（1）打开"新建"对话框，在"类型"栏中选择"零件"。输入文件名为 T11-121，不使用默认模板，而采用 mmns_part_solid 模板。

（2）创建第一方向边界曲线：在工具栏上单击 （草绘工具）按钮，弹出"草绘"对话框，选择 FRONT 基准平面作为草绘平面，单击"草绘"，进入草绘界面。绘制如图 11-108 所示的草绘曲线 1，单击 ✔（完成）按钮，单击 ⅠⅠ（镜像工具）按钮，选择 TOP 基准平面作为镜像平面，在工具操控板中单击 ✔（完成）按钮，创建的镜像曲线即为第一方向的两条边界线，如图 11-109 所示。

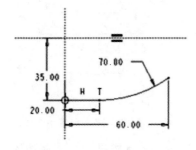

图 11-108　在 FRONT 面上草绘曲线 1

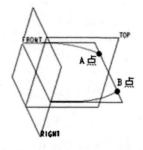

图 11-109　第一方向的两条边界曲线

（3）创建第二方向边界曲线：单击"基准平面"工具按钮 □，选择草绘曲线的端点 A 点（或者 B 点），按住 Ctrl 键，再选择 RIGHT 基准平面，单击"基准平面"对话框中的"确定"按钮，结果创建了如图 11-111 所示基准平面 DTM1。单击"草绘"按钮 ，选择 DTM1 作为草绘平面，进入草绘模式。单击"基准点"工具按钮 ，分别选择曲线的端点 A 点、B 点，如图 11-109 所示，单击该对话框中的"确定"按钮，生成 PNT0、PNT1，如图 11-111 所示。单击"创建圆弧"命令按钮 ，按图 11-112 的尺寸绘制圆弧

231

（注意圆弧的两端点分别与 PNT0、PNT1 点重合），单击 ✔（完成）按钮，生成第二方向边界曲线 1。单击"草绘" 按钮，选择 RIGHT 作为草绘平面，进入草绘模式，单击"创建圆弧"命令按钮 ，按图 11–113 的尺寸绘制圆弧（注意圆弧的两端点分别与第一方向的边界曲线的端点重合），单击 ✔（完成）按钮，创建了第二方向的边界曲线 2，如图 11–113 所示。

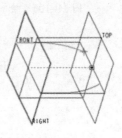

图 11–110　"基准平面"对话框和基准平面的位置

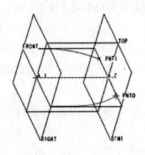

图 11–111　创建基准点 PNT0 和 PNT1

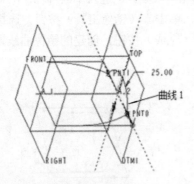
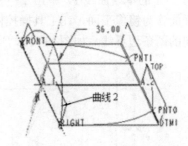

图 11–112　在 DTM1 上创建第二方向边界曲线 1　　　图 11–113　在 RIGHT 上创建第二方向边界曲线 2

（4）创建双向边界混合曲面 1：单击"边界混合"工具按钮 ，显示边界混合工具操控板，在图形窗口内按住 Ctrl 键依次选择第一方向曲线 1 和曲线 2，此时第一方向收集器处于激活状态，如图 11–114 所示。单击"第二方向曲线操作栏"，参看图 11–115，按住 Ctrl 键依次选择第二方向曲线 1 和曲线 2，此时第二方向收集器处于激活状态，如图 11–115 所示。在边界混合工具操控板中单击 ✔（完成）按钮，创建了双向边界混合曲面 1，如图 11–116 所示。

（5）单向边界混合曲面 2 的创建及其"约束"面板的应用：①在工具栏上单击 （草绘工具）按钮，弹出"草绘"对话框。选择 DTM1 基准平面作为草绘平面，单击"草绘"，

232

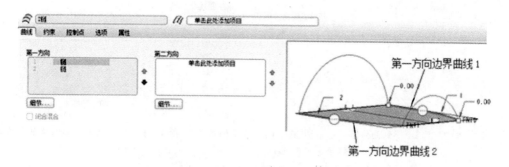

图 11-114　选取第一方向边界曲线 1 和曲边界线 2

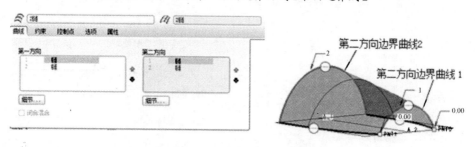

图 11-115　选取第二方向边界曲线 1 和边界曲线 2

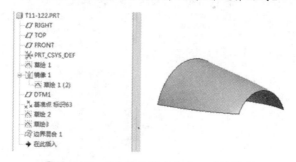

图 11-116　双向边界混合曲面 1 的效果图

进入草绘界面，单击"通过边创建图元"按钮，得到 DTM1 上的圆弧，如图 11-117 所示，单击 ✓（完成）按钮。②单击"草绘"按钮，选择 FRONT 作为草绘平面，进入草绘模式。单击"创建圆弧"命令按钮，按图 11-118 的形状绘制圆弧（注意圆弧的两端点与第一方向的两圆弧端点重合并相切），单击 ✓（完成）按钮，创建了曲线 3 和曲线 4，如图 11-119 所示。③单击"边界混合"工具按钮，显示边界混合工具操控板，在图形窗口内按住 Ctrl 键依次选择曲线 3 和曲线 4(参看图 11-119)。单击操控板上的"约束"按钮，先在"约束"下滑面板中，将方向 1 右侧的"条件"设置为"相切"，再单击"图元　曲面"下方的操作栏，最后在图形窗口内点取相切曲面，参看图 11-120。在边界混合工具操控板中单击 ✓（完成）按钮，创建边界混合曲面 2 的效果如图 11-121 所示。

11.4.3　边界混合曲面操控面板简介

"边界混合"操控面板各参数简介如下：

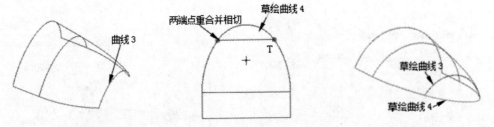

图 11-117　用⬚得到曲线 3　　图 11-118　草绘曲线 4　　图 11-119　曲线 3 和曲线 4 的效果图

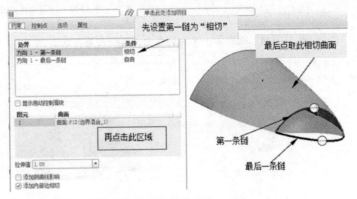

图 11-120　"约束"面板的设置

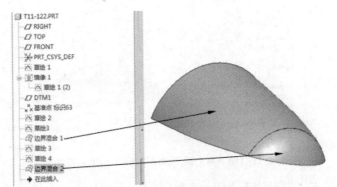

图 11-121　单向边界混合曲面 2 与双向边界混合曲面 1 相切的效果图

1. 方向链

（1）第一方向链：显示所选第一方向的曲线数量，如图 11-122 所示。

（2）第二方向链：显示所选第二方向的曲线数量，如图 11-122 所示。

图 11-122　"边界混合"操控板

2. "曲线"下滑面板

图 11-107 所示的是单向边界混合曲面的"曲线"下滑面板，第一方向有 3 条曲线链，第二方向没有曲线链。图 11-115 所示的是双向边界混合曲面的"曲线"下滑面板，第一方向有 2 条曲线链，第二方向有 2 条曲线链。单击该下滑面板中的"细节"按钮，在弹

出"链"对话框中可对所选曲线进行编辑。

3. "约束"下滑面板（参看图 11-123）

（1）自由：系统默认的约束条件，通常不需要任何参照。

（2）相切：创建的边界混合曲面与参照曲面呈相切约束，如图 11-121 中的边界混合 2 所示。

（3）曲率：创建的混合曲面沿边界呈曲率连续性，使曲面更光滑。

（4）垂直：与选择的参照平面垂直。

（5）添加侧曲线影响：当选择"相切"或"曲率"时，可选中此复选框，使创建的混合曲面两侧边界与参照曲面的边界相切。

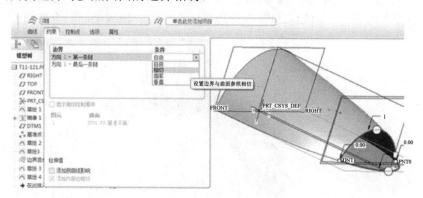

图 11-123 "约束"下滑面板

4. "控制点"下滑面板

控制混合曲面点与点的连接。下面用一简单实例来说明"控制点"面板的应用。

（1）进入零件造型后，按图 11-124（a）分别在两个平行的基准平面上绘制三角曲线（3 个端点）和矩形曲线（4 个端点）。

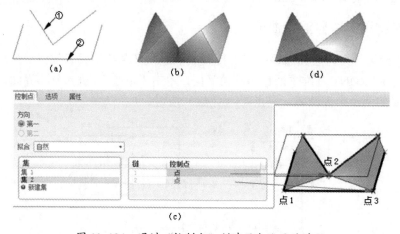

图 11-124 通过"控制点"创建混合曲面的过程

（2）单击"边界混合"工具按钮 ，显示边界混合工具操控面板，在图形窗口内按住 Ctrl 键依次选择三角曲线和①矩形曲线②，参看图 11-124（a）。在边界混合工具操控板中单击 （完成）按钮，创建单身边界混合曲面 1 的效果如图 11-124（b）所示。在导航区模型树中右击"边界混合 1",选择"编辑定义"选项,单击"控制点"下滑面板。先单击图 11-124(c)所示的"集 1"右侧的操作栏,再在图形窗口内点取点 1 和点 2,单击"新建集",单击图 11-124(c)所示的"集 2"右侧的操作栏,再在图形窗口内点取点 2 和点 3→在边界混合工具操控板中单击 ✔(完成)按钮,创建了由"控制点"控制的边界混合曲面 1,如图 11-124(d)所示。

11.5 曲面造型综合实例

如图 11-125 所示的电话听筒零件模型,可以采用先设计曲面,然后由曲面生成实体的方法来建模。涉及的曲面知识包括创建边界混合曲面、镜像曲面、合并曲面、加厚曲面等。

图 11-125 电话听筒零件模型

11.5.1 新建零件文件

打开"新建"对话框,在"类型"栏中选择"零件"。输入文件名为 T11-125,不使用默认模板,而采用 mmns_part_solid 模板。

11.5.2 创建双向边界混合曲面

(1)创建第一方向边界曲线:在工具栏上单击 🔲(草绘工具)按钮,弹出"草绘"对话框。选择 FRONT 基准平面作为草绘平面,单击"草绘",进入草绘界面,绘制如图 11-126 所示的两个半椭圆弧,单击 ✔(完成)按钮。

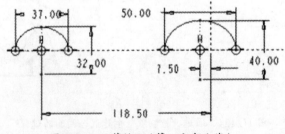

图 11-126 草绘 1(第一方向曲线)

(2)创建基准点:单击"基准点"工具按钮 ×ˣ,依次选择半椭圆弧的 4 个端点,如图 11-126 所示。单击该对话框中的"确定"按钮,生成 PNT0、PNT1、PNT2、PNT3,

236

如图 11-127 所示。

图 11-127　创建基准点

（3）创建第二方向边界曲线：在工具栏上单击 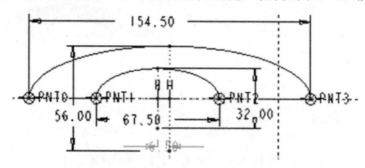（草绘工具）按钮，弹出"草绘"对话框。选择 TOP 基准平面作为草绘平面，单击"草绘"，进入草绘界面，绘制如图 11-128 所示的两个半椭圆弧（两个半椭圆弧的端点分别约束在 PNT0、PNT1、PNT2、PNT3 上），单击 ✔（完成）按钮，完成第二方向边界曲线的创建，效果如图 11-129 所示。

图 11-128　草绘 2（第二方向边界曲线）

（4）创建双向边界混合曲 1：单击"边界混合"工具按钮 ⬠，显示边界混合工具操控板，在图形窗口内按图 11-129 所示的草绘 1（第一方向），按住 Ctrl 键依次选择草绘 1 的两个椭圆弧。先按图 11-130 单击"第二方向曲线操作栏"，再参照图 11-129 按住 Ctrl 键依次选择草绘 2（第二方向）的两个椭圆弧。单击"约束"下滑面板，将约束"条件"按图 11-131 中的所有链均设置为"垂直"，最后在边界混合工具操控板中单击 ✔（完成）按钮，创建了双向边界混合曲面 1，如图 11-129 所示。

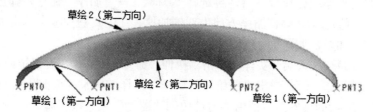

图 11-129　第二方向边界曲线 2

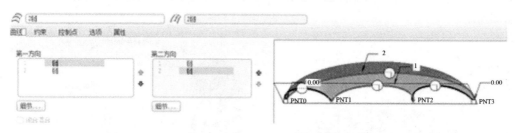

图 11-130　"曲线"下滑面板双向链的点取

（5）镜像曲面：选择边界混合曲面，单击 ⚌（镜像工具）按钮，选择 TOP 基准平面作为镜像平面，在工具操控板中单击 ✔（完成）按钮，完成曲面镜像，如图 11–132 所示。

（6）曲面的合并：参照图 11–133 按住 Ctrl 键选择边界混合曲面和镜像曲面，单击"合并工具"按钮 ，在工具操控板中单击 ✔（完成）按钮，完成曲面合并。

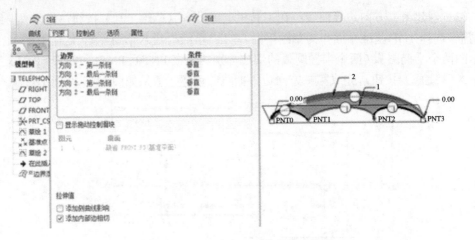

图 11–131　"约束"下滑面板的设置

图 11–132　曲面镜像效果

图 11–133　选择要合并的两曲面

11.5.3　由边界混合曲面创建听筒实体

（1）曲面的加厚：选择合并 1，再选择"编辑"→"加厚"命令，弹出"加厚"操控板，输入厚度值：2.0。调整加厚方向为双侧加厚，在工具操控板中单击 ✔（完成）按钮，完成曲面的加厚，如图 11–134 所示。

（2）创建听筒端（大端）实体：单击"拉伸"命令按钮 ，设置拉伸深度为 9，单击"放置"，选择"定义"，弹出"草绘"对话框。选择 FRONT 基准平面作为草绘平面，单击"草绘"，进入草绘界面。使用"通过边创建图元"工具按钮 ，选择椭圆外边线，如图 11–135 所示。在工具操控板中单击 ✔（完成）按钮，完成端面的拉伸，如图 11–135 右图所示。

图 11–134　曲面加厚

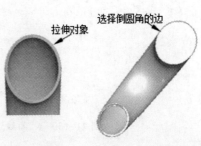

图 11–135　点取拉伸对象及完成拉伸

（3）创建听筒端（大端）实体的圆角及偏移凹腔：单击"倒圆角"工具按钮 ，弹出"倒圆角"操控板，输入半径 5.0，按图 11–135 选择需倒圆角的边，在工具操控板中单击 （完成）按钮，完成倒圆角，如图 11–136 所示。在右上角过滤栏中选择"几何"，选择图 11–136 所示的椭圆柱端面，选择"编辑"→"偏移"命令，弹出"偏移"操控板，在操控板左上角选择"具有拔模特征"选项，其它各项设置如图 11–136 所示。单击"参照"面板，弹出"参照"下滑面板，单击"定义"，弹出"草绘"对话框。选择图 11–136 所示的椭圆柱端面为草绘平面，单击对话框"草绘"按钮，使用"通过边创建图元"工具按钮 ，选择椭圆内边线，如图 11–137 所示。调整箭头方向为凹下，在工具操控板中单击 （完成）按钮，完成端面的偏移凹腔，如图 11–138 所示。

图 11–136　"偏移"操控面板及选择端平面为偏移草绘平面

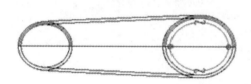

图 11–137　选择椭圆内边线为草绘偏移截面

图 11–138　完成偏移

（4）创建听筒端（大端）7 个 $\phi4$ 的小圆孔：单击"拉伸"命令按钮 ，单击"去除材料"按钮 ，设置拉伸深度为 11。单击"放置"，选择"定义"，弹出"草绘"对话框，选择图 11–138 所示的偏移平面作为草绘平面，单击"草绘"，进入草绘界面，按图 11–139 绘制 $\phi4$ 小圆孔→单击草绘"完成"按钮 。在工具操控板中单击 （完成）按钮，完成小孔的创建，如图 11–140 所示。选择刚创建的小圆孔，单击"阵列"工具按钮 ，弹出"阵列"操控板，点击"尺寸"操作框▼，选择"填充"类型→单击"参照"→弹出"草绘"对话框，单击"使用先前的"按钮，进入草绘模式，绘制 $\phi18$ 的圆作为阵列填充区域，如图 11–141 所示。单击"完成"按钮，操控板的其它选项设置如图 11–142 所示，在工具操控板中单击 （完成）按钮，完成阵列，如图 11–142 所示。

（5）创建小端实体：单击"拉伸"命令按钮 ，设置拉伸深度为 9→单击"放置"，选择"定义"，弹出"草绘"对话框。选择 FRONT 基准平面作为草绘平面，单击"草绘"，进入草绘界面。使用"通过边创建图元"工具按钮 ，选择椭圆外边线，如图 11–142 所示。在工具操控板中单击 （完成）按钮，完成小端面的拉伸，如图 11–143 所示。

（6）创建小端 $\phi4$ 的小圆孔及小端倒圆角：单击"拉伸"命令按钮 ，单击"去除材料"按钮 ，设置拉伸深度为 8。单击"放置"，选择"定义"，弹出"草绘"对话框，

239

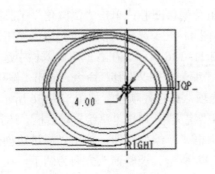

图 11-139　草绘 ϕ4 小圆孔　　　　　图 11-140　完成切剪小圆孔

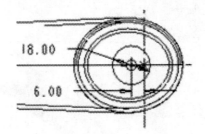

图 11-141　草绘阵列区域

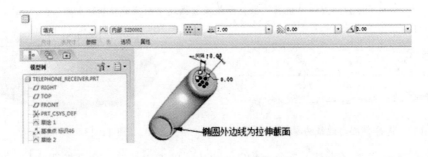

图 11-142　"阵列"操控板的设置和完成阵列的效果图

选择图 11-143 所示的草绘平面,单击"草绘",进入草绘界面,按图 11-144 绘制 ϕ4 小圆孔。单击草绘"完成"按钮 ✓,在工具操控板中单击 ✓(完成)按钮,完成小孔的创建,如图 11-145 所示。单击倒圆角工具按钮 ,弹出"倒圆角"操控板,输入半径 6.0,按图 11-145 左图选择需倒圆角的边线,在工具操控板中单击 ✓(完成)按钮,完成倒圆角,如图 11-145 右图所示。

图 11-143　小端拉伸效果

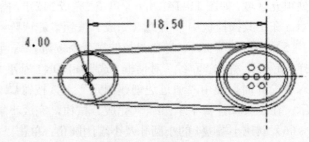

图 11-144　草绘 ϕ4 小孔

240

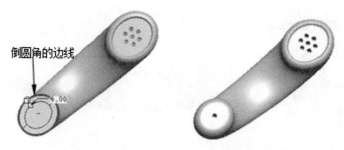

倒圆角的边线

图 11-145　选择倒圆角的边线及倒圆角效果

11.6　曲面造型练习题

1. 继曲面造型综合实例（话电筒筒身），按下例步骤完成听筒的全部造型。

（1）在 TOP 基准面上用样条曲线命令按图 11-146 创建草绘曲线。

（2）用可变剖面扫描工具 创建电话线：①扫描轨迹选取上一步的草绘曲线；②用本面板中的"创建或编绘扫描剖面"按钮，按图 11-147 草绘长为 5、与水平线夹角为 40°的直斜线；③选择下拉菜单"工具"→"关系"，在弹出的"关系"对话框的编辑窗口内输入与 40°对应的 sd#=trajpar*360*20，确定后生成如图 11-148 的"可变剖面扫描"曲面。

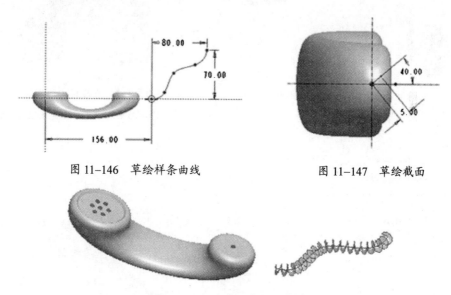

图 11-146　草绘样条曲线　　　　图 11-147　草绘截面

图 11-148　完成可变剖面扫描

（3）用"插入"→"扫描"→"伸出项"命令，选取图 11-149"可变剖面"的外轮廓为扫描轨迹，按图 11-149 的尺寸草绘椭圆截面，按图 11-150 完成电话线的扫描。

（4）在电线与听筒之间创建连接线：①在靠听筒一侧的电线椭圆中心创建基准点 PNT4；②创建含电线端椭圆平面的基准平面 DTM1；③创建含 DTM1（法向）、PNT0（穿过）、PNT4（穿过 P）的基准平面 DTM2；④在 DTM2 中草绘如图 11-151 的扫描轨迹线，

图 11-149 草绘椭圆截面   图 11-150 完成电话线扫描

由直线与样条曲线组成（注意：直线段长 0.6、⊥椭圆端面、约束在 PNT4），样条曲线的一个端点约束在直线端点，另一个端约束在 PNT0；⑤用"插入"→"扫描"→"伸出项"命令创建连接线（注意：采用"选取轨迹"选项，图放大后先取直线段，按住 Ctrl键再选择样条曲线，如图 11-152 所示），结果如图 11-153 所示。

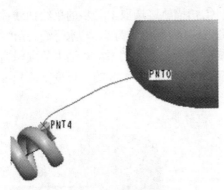

图 11-151 草绘直线与样条曲线

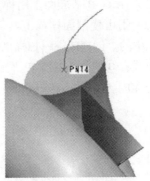

图 11-152 直线段⊥椭圆端面、
起点约束在 PNT4、直线段长 0.6

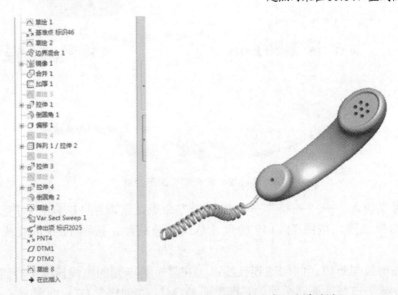

图 11-153 电话听筒的造型效果及造型过程的模型树

242

2. 创建图 11-158 所示的实体模型，具体步骤如下。

（1）按 11-154（a）（b）所示的尺寸，分别用"旋转"命令生成（c）。

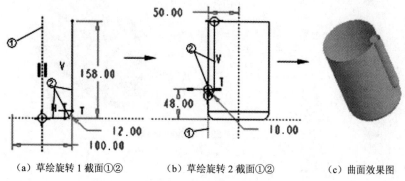

（a）草绘旋转 1 截面①②　　　（b）草绘旋转 2 截面①②　　　（c）曲面效果图

图 11-154　通过两次"旋转"命令创建曲面（c）

（2）阵列凸起的曲面，如图 11-155（a）所示。

（3）合并曲面（逐个进行），如图 11-155（b）所示。

（4）曲面的倒圆角（按住 **Ctrl** 键逐一选择），如图 11-156 所示。

（a）曲面合并前　　　（b）曲面合并后

图 11-155　曲面合并　　　　　　　　图 11-156　曲面倒圆角效果

（5）曲面的加厚（方向朝内，厚度为 2.5），如图 11-157 所示。

（6）添加孔特征（孔直径为 ϕ28，通孔），如图 11-158 所示。

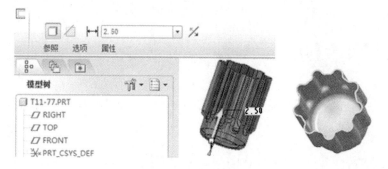

图 11-157　曲面加厚的设置和效果

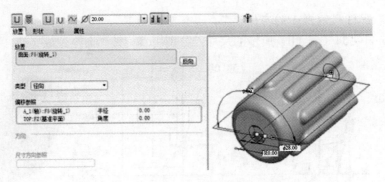

图 11-158　添加孔特征

附录1 尾架体零件图

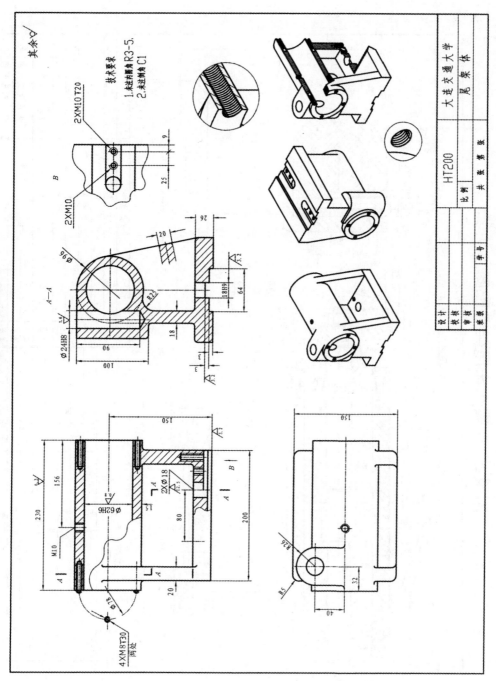

245

附录2 仪表车床尾架装配图

246

参 考 文 献

[1] 孙江宏，黄小龙，罗珅. Pro/ENGINEER Wildfire 虚拟设计与装配. 北京：中国铁道出版社，2004.

[2] 齐从谦. Pro/Engineer Wildfire 2.0 特征与三维实体建模. 北京：机械工业出版社，2006.

[3] CAD 教育网，周四新. Pro/ENGINEER Wildfire 工业设计范例教程. 北京：人民邮电出版社，2005.

[4] 李启炎. 三维计算机辅助设计教程 Pro/ENGINEER. 上海：同济大学出版社，2005.

[5] 龙坤，唐俊. Pro/ENGINEER 野火版 3.0（中文版）范例练习. 北京：清华大学出版社，2006.

[6] 詹友刚. Pro/ENGINEER 野火版基础教程. 北京：清华大学出版社，2004.

[7] 孙江宏，段大高，黄小龙. 中文版 Pro/Engineer 2001 入门与实例应用. 北京：中国铁道出版社，2003.

[8] 张学军. Pro/Engineer Wildfire 机械设计与应用. 北京：国防工业出版社，2006.

[9] 裴建昌，邓湘榆，张沛顺，等. Pro/ENGINEER 野火 2.0 版基础教程. 北京：人民邮电出版社，2005.

[10] 黄圣杰，张益三，洪立群，等. Pro/ENGINEER 2001 高级开发实例. 北京：电子工业出版社，2002.

[11] 崔凤奎，裴学胜，程广伟，等. Pro/Engineer 机械设计. 北京：机械工业出版社，2004.

[12] 谭雪松，甘露萍，张黎骅. Pro/ENGINEER Wildfire 中文版基础教程. 北京：人民邮电出版社，2006.

[13] 谭雪松，甘露萍. Pro/ENGINEER 中文版基础培训教程. 北京：人民邮电出版社，2004.

[14] 温建民，石玉祥，范立红. 中文 Pro/ENGINEER 野火版 3.0 工业设计实例与操作. 北京：兵器工业出版社，北京希望电子出版社，2006.

[15] 宁涛，余强. Pro/E 机械设计基础教程. 北京：清华大学出版社，2006.

[16] 何满才. 工程图设计 Pro/ENGINEER Wildfire 中文版实例详解. 北京：人民邮电出版社，2005.

[17] 赵淳，王英玲. Pro/E Wildfire 5.0 实用教程. 北京：清华大学出版社，2012.

[18] 胡仁喜，杨胜军，路纯红，等. 实战 Pro/ENGINEER Wildfire 4.0 中文版曲面造型设计. 北京：电子工业出版社，2008.

[19] 程静. Pro/ENGINEER 曲面造型设计. 北京：国防工业出版社，2012.